はじめに

レイアウトに関する技術は、情報をわかりやすく伝えるために役立つ、一種のツールです。ツールの扱い方を理解できていなければ、必要な情報をきちんと伝えることができません。本書は、先輩デザイナーから教わったテクニックや知識、日々の現場から学んだ経験など、レイアウトをするうえでとても基本的で大切なことをまとめた1冊です。

PART1では、レイアウトデザインと目的の関係性から、伝わるレイアウトとはどういったものかを紐解きます。

PART2は、大きく3つのキーワード、現場ですぐに使えるレイアウトルールを解説しています。

そしてPART3では、5つのカテゴリーに分けたレイアウトテーマを作例を使って実践的に解説しています。
Second Editionでは、よりさまざまなデザインの現場で応用してもらいたいと思い、それぞれの特徴にそった効果的な見せ方のアイデアとテクニックを盛り込みバージョンアップしました。

本書の内容を、具体的に実践することで、情報が的確に伝わるレイアウトのテクニックが身につきます。
レイアウトでつまずいたときはもちろん、デザインのテクニックとアイデアのヒントとして、さまざまなシーンでお役立てください。

CONTENTS

PART 1 レイアウトの基本

PART 2 レイアウトのルール

PART 3 レイアウトのアイデア

法則

動き

本書の使い方

本書はレイアウトデザインに関するさまざまな知識について解説しています。PART1と
PART2ではレイアウトの考え方や大切なルールを身につけます。PART3では5つのカ
テゴリーに分けたレイアウトの技（テーマ）を多彩な作例とともに学びます。

PART3の読み方

レイアウトテーマ名　　　デザインサンプル（作例）

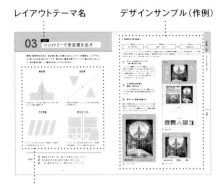

テーマに関する、知っておくとさらにデザイン
の幅が広がるテクニックや知識を集めました。

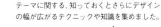

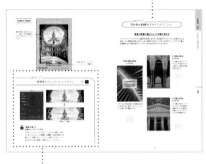

テーマのデザイン効果やバリエー
ション、NGな使い方をシンプル
な図を使って解説しています。

テーマで活用できるIllustratorやPhotoshop
の"使えるテクニック"を、実際の操作画面
と合わせて紹介します。

▶本書で紹介する作例の多くは、本書オリジナルのものです。そのほかの作品には下にクレジットが記され
　ています。

▶本書は、IllustratorとPhotoshopの基本的な操作ができる方を対象としています。

IllustratorとPhotoshopについて

本書の操作解説部分はAdobe Illustrator・Photoshop CC2023をもとに執筆しています。掲載画面はMac版
のCCを使用しています。

キートップ表記について

掲載画面に合わせ、Mac版の表記を優先して掲載しています。option キー（Alt）＋ドラッグの場合、丸カッコ（ ）
内のキーがWindowsのものとなります。なお、delete ／ Delete ／ shift ／ Shift 、tab ／ Tab など、共通のキー
トップについては、大文字小文字の表記はMac版に準じています。

Adobe Creative Suite、Apple、Mac・Mac OS X、macOS、Microsoft Windowsおよびその他本文中に記載されている
製品名、会社名はすべて関係各社の商標または登録商標です。

レイアウトの基本

(デザインで大切な2W1Hの法則)

/////

誰に何をどのように伝えるのか。
レイアウトにおいて、もっとも大切で基本的な知識をわかりやすく解説していきます。

伝わるレイアウトとは

情報をわかりやすく整理し、的確に伝達するためにもっとも重要なことは、レイアウトを工夫することにあります。レイアウトは一般的に、文字や写真、図版などさまざまな情報材料で構成されていますが、それらをどのようにデザインし、配置するかで情報の伝わり方は大きく変わります。ここではまず、各要素がレイアウトとどのように関わり、どのような役割を持つのかを解説していきます。

文字

文字や写真、図版といった情報材料の中でも、文字要素は、情報をわかりやすく整理して伝えるために特に重要な役割を持ちます。さまざまな文字要素の名称と目的を覚えておきましょう。

本文

メインとなる文章で、全体の内容をしっかり伝える役割を持ちます。ほかの文字要素に比べて文字量が多いので読み手にストレスを感じさせない工夫が必要になります。

リード

記事内容を要約したものです。タイトルや見出しとあわせて読めば記事のあらましがわかるように書かれていることが多いです。本文に関心を持たせる役割を持ちます。

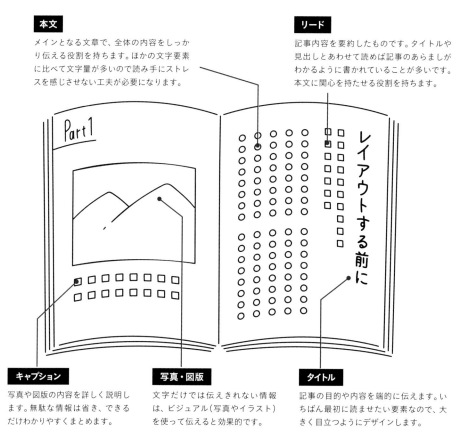

キャプション

写真や図版の内容を詳しく説明します。無駄な情報は省き、できるだけわかりやすくまとめます。

写真・図版

文字だけでは伝えきれない情報は、ビジュアル（写真やイラスト）を使って伝えると効果的です。

タイトル

記事の目的や内容を端的に伝えます。いちばん最初に読ませたい要素なので、大きく目立つようにデザインします。

写真

同じ写真でも、見せ方を変えれば、イメージも大きく変わります。
実際の写真を例に、見せ方のテクニックがいかに重要かを理解しましょう。

トリミング

写真のどこをいちばんに見せたいのかを考えながら写真を切り取ります。このように、必要な部分
だけ残すことを「トリミング」と言います。どこをどう抜き出すかで写真の表情が決まるので、伝え
たいメッセージに合わせて効果的にコントロールしましょう。

女性の走る姿に注目させたいなら…
➡ 全体が見えるようにトリミング！

女性の表情に注目させたいなら…
➡ グッと寄った状態でトリミング！

シェイピング

写真やイラストをどのような形状で使うのかも、見せ方に深く関係します。長方形や正方形など四
角の形で配置する方法を「角版」、丸型に切り抜く方法を「丸版」、被写体の形に沿って切り抜くこ
とを「切り抜き」と言います。

【角版】

写真を切り抜かずにそのまま使
うことで、堅さや安定感が生まれ
ます。

【丸版】

円形にくり抜くことで、やわらか
さが生まれます。一部を拡大する
ときにも使います。

【切り抜き】

被写体の形が強調されます。動き
を出しやすくなり、にぎやかな演
出に効果的です。

青森県の農家が1つずつ丁寧に
育てた無農薬りんごを、
お世話になった方に
贈ってみてはいかがですか?

お世話になった方に
無農薬りんごを
贈ってみてはいかがですか

青森県の農家が1つずつ丁寧に
育てた無農薬りんごを、
お世話になった方に
贈ってみてはいかがですか?

甘くて安心安全無農薬

上の例は、文章が長いなど、全体的に読みにくく感じます。一方、下の例は、タイトル、リード、キャッチコピーに情報をまとめることでメリハリが出て読みやすくなっています。特にキャッチコピーに関しては、読み手へ興味を惹かせるための工夫(あしらい)がされています。

メリハリ 情報材料をどう見せるか。メリハリをつけるために色や書体を変えて、伝えたい内容を整えます。

あしらい さらに洗練された見せ方を実現するために必要なスパイスとしての役割を果たします。

「Who × What × How」の法則

レイアウトに関するさまざまなテクニックは、情報をわかりやすく整理し、的確に伝達するのに役立ちます。しかし、テクニックを身につけるだけでは、それを実現することはできません。まず、誰に伝えたいのか、何を伝えたいのか。それを伝えるために、どのように材料をアレンジするのか、といった目的意識が先に必要です。その上で、強調したい事項を目立つ色にしたり、写真を並列で見せたり、1点を特に大きく配置したりするのです。効果的な伝え方は、誰に何を伝えるのかを明確にするところからスタートします。ここではまず、その考え方について解説します。

この3要素をしっかり設定することで全体のイメージを確立しやすくなります。

見てわかる＝伝わる見せ方

イメージが固まったら自ずと見せ方も決まってきます。
ポイントは、「伝えたいことを効果的に正しく伝える」こと。

情報が正確に伝わる！

Who

1.ターゲットを理解する

レイアウトデザインにおいて「Who」とは、誰に伝えるのかを意味します。相手が誰かによって、見せ方も変えなければなりません。ターゲットを具体的に分析し、よく知ることが重要になります。

＼ 誰 に 伝 え る ？ ／

| 男性 | 女性 | こども | 年配 | 学生 | 主婦 |

性別、年齢、職業などからターゲットを絞り込みましょう。万人向けのデザインに固執すると、結局あれもこれも詰めこみたくなり、しまいには誰の心にも響かない中途半端なものになってしまいます。ターゲットを絞ることで、より伝わるレイアウトデザインが可能になるのです。

レイアウトデザインの前にターゲットを分析する理由

ターゲットによってデザインも変わるので、まずはターゲットをよく理解することが大事です。

例1：30代〜40代の男性向け

ターゲットとは
ターゲットに合わせた書体を選びます

30代から40代くらいの男性向けの媒体では、力強いベーシックなゴシック体がよく使われます。

例2：10代後半〜20代前半の女性向け

ターゲットとは
ターゲットに合わせた書体を選びます

10代後半から20代前半くらいの女性向けの媒体では、小さめの文字でやわらかい書体がよく使われます。

たとえば広告デザインでは、商品を誰にアピールするかによってその商品の売り上げは変わってきます。訴求効果を高めるには、ターゲットの特性をできるだけ正確に知らなければなりません。家族構成、住んでいる地域、趣味、服装、好きなブランド……と、細部情報を集め、人物像を具体化していきます。ターゲットの姿が見えてくれば、アピールの方向性も自ずと決まります。

どんな人か
具体的に
イメージする

性別

年齢

職業

住んでいる地域

好きなブランド

バッグの中身は？

嗜好

ライフスタイル

趣味

例3：小学生向け

ターゲット
とは
ターゲットに合わせた
書体を選びます

小学生向けの媒体では、大きめで、はっきりとした丸みのあるフォルムの書体がよく使われます。

例4：高齢者向け

ターゲットとは
ターゲットに合わせた書体を選びます

高齢者向けの媒体では、大きめで字間が詰まっているはっきりした明朝体がよく使われます。

2. 伝えたいことを明確にする

何を伝えたいのか明確にしないままだとターゲットの心に響くものをつくること
はできません。しかしながら、伝えたいことを明確にすることは簡単ではありま
せん。なぜなら、多くの場合「伝えたいことを絞れない」「伝えたいことの優先
順位を決められない」という悩みにぶつかるためです。それを解決するのが
"理由"や"目的"です。ここでは伝えたいことの重要性と明確にするコツを
解説します。

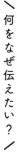
何をなぜ伝えたい？

1 おいしさを
アピールして

2 食品の安全を
伝えて

3 レシピの
バリエーションを
紹介して

A 商品の売り上げを
伸ばしたい

B ブランドイメージを
向上させたい

C 新商品を
知ってもらいたい

このように、伝えたいことと、その目的の組み合わせは無数に存在します。
しかし、組み合わせることで伝えたいことがはっきりします。

「○○賞受賞」と大きなキャッチ
コピーで、味の保証を訴えた切
り口で見せています。

「安心安全」というキーワード
から、農家の人の手にクローズ
アップしたビジュアルに。

スムージーのレシピを紹介して
別の食べ方のバリエーションを
見せて興味を惹かせています。

「Who」と「What」のコンビネーション

P.14で解説した「Who」と「What」を組み合わせて応用してみましょう。
異なるターゲット、目的に合わせたレイアウトを例に説明します。

What?

栄養価を伝えたい

Who?

美容に関心のある30代女性

Who?

健康志向のシニア男女

美容効果を紹介した構成でターゲットの関心を強めて
います。また、やわらかい、透明感のある色使いや、手書
き風の書体を使って、親しみやすさと女性らしさを演
出しています。

シニアの男女がかかりやすい病気など関心のある事項
中心の内容で、「健康」を強調し興味をかき立てていま
す。文字は大きめ、落ち着いた色使いで、見出しがしっ
かり伝わります。

3.見せ方を考える

誰に（Who）何を（What）伝えたいかが決まったら、具体的なレイアウトを考えていきます。文字中心なのか、写真で見せる構成なのかなどの全体的な方向性はもちろん、色や書体でどのようにデザインするかなどの表現テクニックも一緒に計画します。

Step.1

優先順位をつける

まずは Who と What をもとに、伝えたい内容の優先順位を決めます。メッセージを伝えるには、並列して見せるのか、写真で見せたほうがいいのか。どのような構成がいちばん効果的なのか整理します。

Step.2

ラフで完成をイメージする

ラフを描いて完成をイメージすることで、目的がぶれて迷走することなくデザインを進められます。迷っている構成があれば、実際に描いて比較すると、どちらが魅力的か明確になります。

Step.3

方向性をイメージする

全体のデザインの雰囲気をイメージします。ターゲットに合わせて、どのようなデザインが好まれ効果的なのか、雑誌やウェブなどでデザインを探ってみましょう。デザインのヒントになります。

新商品を知ってもらいたい

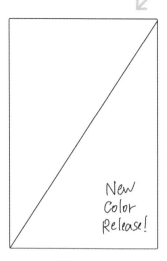

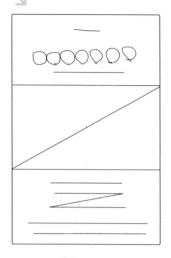

How

写真を大きく見せる？

写真を大きく見せてビジュアルでイメージを
伝えます。インパクトのある写真と大きめの
キャッチコピーで"新登場"感をアピールし
ています。

How

文字要素を大きく見せる？

どんな商品なのか、詳細情報をメインとなる
ようレイアウトしています。インパクトは弱
いため、ブランドを認知している人に打ち出
したデザインに向いています。

N.カラーシャンプー＆カラートリートメント　チラシ（株式会社ナプラ）

デザインの進め方

誰に何を伝えたいのかを、クライアントと打ち合わせをしながら決めていくことが多いです。ここでは、前述の「Who」と「What」が決まるまでの流れと、その後の進め方について具体的に説明します。

打ち合わせの目的とコツ

誰に（Who）何を（What）伝えたいのかを、クライアントの意図を確認して明確にします。ヒアリングを重ねてクライアントの意向を深く理解することも大事です。そうすることで、どのように（How）伝えるかに近づくことができるようになるのです。

打ち合わせの例

デザイナー

どのようなポスター広告をお考えでしょうか？

クライアント

子どもにも安心して食べられる
無農薬りんご使用のジュースを
知ってもらいたいです。
ターゲットは、小さいお子さんがいる
お母さんです。

デザイナー

キーワードは「安心安全」ですね。
そうしましたら、農家の人の笑顔の写真を
全面裁ち落としで大きく扱って、
キャッチコピーも「安心安全」を
大きく目立たせてみてはどうでしょうか。

キーワードの見つけ方

伝えたいことがたくさんあってもそれらを全部載せてしまっては結局、何が言いたいのかわからないものになってしまいます。コンセプトを絞って表現することで、強調したいキーワードが見えてくるのです。

農家の顔が
見えて安心

無添加

赤ちゃんも食べられる　　○○賞受賞商品

イメージを具体化する

キーワードからどのように（How）伝えるかを具体的なイメージに落とし込んでいきます。レイアウトの余白はどうするのか、書体や色などのデザインはどうするか。イメージから具体的な仕上がりを決めていきます。

農家の顔が見える

↓

安心安全、親近感

↓

親しみのあるゴシック書体
暖かみのある暖色

Case Study

実際のケースを通じて、デザインの進め方をトレースしてみましょう！
P.10〜21で学んだことをすべて活用します。

N. カラーシャンプー & カラートリートメント
〈ベージュ／ブラック〉

N.カラーシャンプー&カラートリートメント　チラシ（株式会社ナプラ）

❶リサーチする

ターゲットを決め、
伝えたいことやデザインの目的を明確にします。

Who

- 年齢…10代後半〜40代
- 性別…女性
- 流行に敏感で、
  美容への関心が高い

×

What

新色商品をリリース
したことを伝えたい

❷構成を決める

どのように見せれば効果的か、
まずはラフで構成を考えます。

How

Ⓐ

Ⓑ

これを
採用

Ⓒ

このチラシデザインでは、新色が登場したことをいちばん知ってもらいたいため、「New Color Release!」のキャッチコピーと商品名のみという少ない文字要素でシンプルにレイアウトします。新色の色味をイメージしたグラフィカルなインパクトのあるビジュアルを断ち落としで大きく扱って目を惹かせています。

デザインの進め方

Ⓐは、「New Color Release!」のキャッチコピーは大きいが写真ビジュアルが小さくインパクトに欠ける。Ⓑは裁ち落とし写真の存在感が強まりインパクトがある。Ⓒはイメージ的な人物写真を大きく裁ち落とした写真に、商品ボトルの切り抜き写真を添えたレイアウト。今回は、ボトルの商品が写った写真を大きく扱ったⒷを採用。

❸ 優先順位 を決める

何をいちばん伝えたいのか、
配置する要素の優先順位を考えます。

〈 表面 〉

〈 裏面 〉

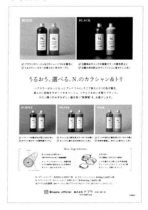

大きく配置した写真で目を惹き、
ビジュアル→キャッチコピー→商
品名の順で読ませます。

カラーバリエーションが豊富な商
品のため、色が伝わるイメージ写真
と情報を並べてレイアウトします。

• MEMO •

読み手の目の動きに合わせたレイアウト誘導の法則を見てみましょう。
流れに沿って、読ませたいものの配置を考えます。

ヨコ組み	タテ組み

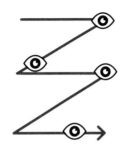

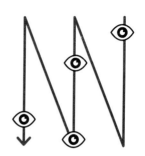

左上から右下へZ型に流れます。左開き
の本やウェブなどに多く見られます。

右上から左下へN型に流れます。小説や
新聞などの読み物系に多く見られます。

❹キーワードを探る

ターゲットや商品のキーワードを探ることで、
デザインの方向性を設計します。

上品

洗練された

流行に敏感

髪に優しい

しなやかさ

❺イメージを具体化する

キーワードを抽出し、そのイメージから
どんなフォントが相応しいのかなど、
デザインに落とし込んでいきます。

洗練された

↓

上品でスマート

↓

縦横の線にエッジがある
飾りのついた書体

髪に優しい

↓

やわらかい

↓

丸みのあるやわらかい書体
字間を空けてゆったり

New
Color
Release!

うるおう。選べる。
N.のカラシャン&

カジュアルというよりも上品なイ
メージのセリフ体をセレクト。ウェ
イトは細めですが縦横の線の太さに
差があるフォントのため、エッジの
あるスマートな雰囲気が出ています。

チラシ裏面のキャッチコピーには、
丸みのあるやわらかい明朝体を採
用。ゆったり字間を空けて、より
優しい雰囲気を出します。

プリント縦組み編

縦組みは、文章量の多い"読ませる"レイアウトに多く使われます。

インタビュー・対談

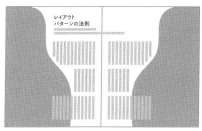

インタビュー・対談記事で多く見られるレイアウト。
対比することで、ライブ感が生まれます。

リズム感

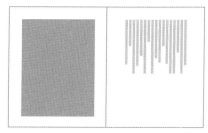

詩集のような、文字をリズミカルに読ませたい媒体に
も縦組みがよく採用されます。

老舗の商品カタログ

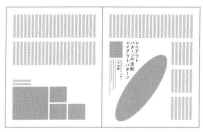

縦組みは歴史を感じさせるデザインと相性がよいの
で、老舗の商品カタログなどにもよく使われます。

写真の回り込み

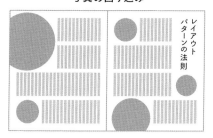

段組みは、写真の回り込みに強く、読み手が迷うこ
となく文章を追いやすいメリットがあります。

和風デザイン

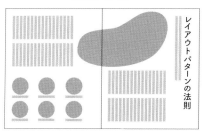

縦組みは、伝統や和を表すデザインと相性がよいで
す。余白をつくることでやわらかさも演出できます。

情報量の多い読み物

日本語の文字は縦に流れる形が多いため、情報量の多
い媒体は縦組みのほうが目線がスムーズに流れます。

プリント横組み編

横組みは、ビジュアルをメインで扱うレイアウトに多く使われます。

流れを合わせる

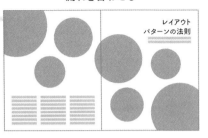

横に流れるようなビジュアルの配置では、横組みにすることで、流れをそろえることができます。

複数の情報

デザインに動きをつけやすい横組みは、複数の商品情報が並んだカタログにも適しています。

集合した要素

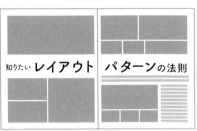

写真を集合して見せるレイアウトに、横組みのキャプションを組み合わせてまとまり感を出します。

裁ち落とし写真

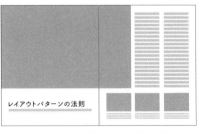

見開きで写真を大きく配置すると、横への流れがつくりやすくメリハリのあるレイアウトになります。

写真を陳列

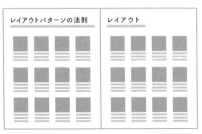

複数の写真を並べるレイアウトには、横組みのキャプションが多く使われます。

同じ扱いの要素

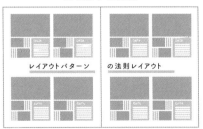

ガイドマップなどお店の情報を同じ扱いで見せたいものには、横組みがよく使われます。

Webサイト編

紙（プリント）媒体とは違い、ウェブでは目的にプラスして使いやすさも重視されます。
アクセスしている滞在時間やコンバージョン率に大きな影響を与えます。

上部ナビゲーション型

もっとも普及している構成。左右コンテンツの領域
をいっぱいに使えるため、大きく大胆に見せられます。

左軸ナビゲーション型

ユーザーが迷子になりにくく、操作しやすいレイアウ
ト。ページ数が多いサイトに向いています。

逆L字ナビゲーション型

ローカルナビゲーションにバナーや広告を配置し、
ブログやECサイトなどでよく見かけるレイアウト。

シングルカラム

目線の誘導を減らすことによりコンテンツへの注目
度が高まるレイアウト。

マルチカラム

ECサイト、ブログ、コーポレートサイトなど広く採
用されます。2カラム構成がよく使われています。

フルスクリーン

ビジュアルメインでインパクトがあるので、キャン
ペーンサイトなどに使用されることが多いです。

3分割縦型

モバイルファーストのユーザーに対して、PCでもスマホと同様のレイアウトでコンテンツを中央に配置。

グリッドレイアウト

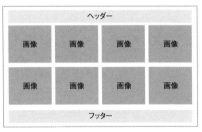

画像をグリッドに沿って配置して、ページ全体がすっきりとしたデザインに仕上がります。

ニュース・キュレーション系情報サイト

情報量が多いため、コンテンツの領域をしっかりと分けることで、使いやすいつくりになっています。

逆U字型

ナビゲーション要素が多いサイトに適しています。ナビ項目が増えても対応しやすいつくりです。

余白を生かしたレイアウト

余白を広く使った構成は、シングルカラムでよく採用されます。コンテンツに注目が集まりやすいです。

ECサイト

商品のカテゴリーを選択できるサイドバーが配置され、商品検索機能の使い勝手がよいレイアウトです。

スマホサイト編

スマートフォン（SP）版では、画面が小さいため表示できるスペースが限られます。
縦に長く情報が続くため、飽きさせないレイアウトの工夫が必要になります。

シングルカラム

縦に長いページを
スクロールしてコ
ンテンツを見せる
レイアウト。スク
ロール中に、現在
地がわからなくな
らないよう、デザイ
ンの工夫が必要。

グリッドレイアウト

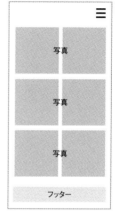

一度に多くの画像
を見せることがで
き、誘導がしやすい。
すっきりとしたデ
ザインに仕上がり
ます。

フルスクリーン

全面イメージ画像
で迫力が感じられ
ます。スライダー
機能で画像の切り
替えも。

フッターメニュー

よく使う機能をフッ
ターに固定配置し
たレイアウト。アプ
リやECサイトによ
く見られます。

バナー編

狭いスペースに限られた情報で訴求し、興味を持ってクリックしてもらうことが重要です。
パッと見の印象でユーザーのアクションが決まるため、構成がデザインのキモとなります。

広告型レイアウト

上部にキャッチーなコピーや写真、下部に帯やボタンでクリックを誘導する構成。

縦分割レイアウト

情報を右左に分けて配置するため、メリハリをしっかりつけることができます。

横分割レイアウト

情報を上下に分けて配置するレイアウト。情報が見やすくシンプルに伝わりやすい。

中央に要素

中央に設けた余白にキャッチコピーを配置することで、目に留まりやすくなります。

グリッドレイアウト

複数のものを比較するものに向いているレイアウト。一度に多くの情報量を提示できます。

全面イメージレイアウト

背景全体にイメージ写真を配置。迫力が生まれ、商品の印象などインパクトを強めることができます。

レイアウトの
ルール

（ 3つのキーワードと8つのルール ）

/ / / / /

レイアウトには法則があります。
伝わるレイアウトで大切な3つのキーワードと8つのルールを解説します。

押さえておきたい
3つのキーワードとその目的

1. 判読性
情報をわかりやすくする

2.視認性
ビジュアルを見やすくする

3.可読性
文字を読みやすくする

判読性

レイアウトやデザインにおいて、判読性は非常に大事な要素で、読み手が情報をいかにわかりやすく理解できるかに重点を置きます。内容や意味を正確に読み手に届けるためにはどのようなレイアウトにするのがよいのか、がポイントとなります。ここでは、「グループ化」「ライン」「コントラスト」の３つの手法を軸に、効果的なレイアウトの基本を解説します。

グループ化

文字や写真をただ漫然と並べても、情報を正確に伝えることはできません。
関係性の強いビジュアルと文字をお互い近い場所に配置したり、関係性の
弱いものは離して配置する必要があります。これを「グループ化」と言います。
この作業を行うことで、情報の関係性を判読しやすくなります。グループ化
は最初に行うべきレイアウトの基本作業です。

Step.1

情報を整理する

まずレイアウトを始める前に、同じカテゴリーに属する情報に仕分けます。分類化する
ことで読み手が混乱しないよう、伝えたい情報を整理できます。情報量が多ければ多い
ほど、読み手には情報を読み解く負担がかかるので、この作業はたいへん重要です。

Cake、Drip、Cookie Latte、Tea Latte、Strawberry、Caramel Darjeeling、Earl Grey、Berry、Chamomile Milk、Chocolate、Mocha、Cinnamon、Whip、Vanilla	

▶

Drip、Latte、Caramel、Strawberry、Mocha	Coffee
Darjeeling、Earl Grey、Tea Latte、Berry、Chamomile	Tea
Cake、Cookie	Sweets
Milk、Chocolate、Cinnamon、Whip、Vanilla	Topping

ここではカフェメニューを例にグループ分けを行いました。「Coffee、Tea、Sweets、Topping」と大き
く4種類のカテゴリーに分けることができます。

Step.2

関係性の強い情報同士を近づける

次に、4つのグループに仕分けた情報群をレイアウトしてみます。関係性の強い
イラストと文字を近づけると、情報の意味がさらに明らかになってきました。

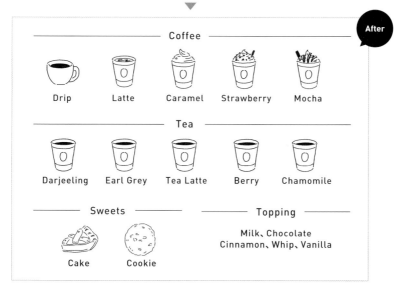

余白を駆使してグループ化する

イラストと文字が均等に並んでいると、各カテゴリーの境界があいまいになり情報群を認識しづらく、全体像も把握しにくくなります。関係性の強いイラストと文字は近づけたまま、反対に関係性の弱いものは離して配置します。このように余白を使って区切ることで、全体の構造は理解しやすいものになります。

直感的に理解できる配置を！

左の例はイラストと文字が離れていて、それぞれイラストのキャプションであることが直感的にわかりません。同じ情報グループであるイラストと商品名を近づける必要があります。

関係性の弱いものは離して配置！

Drip

濃厚で酸味と苦味のバランスが優れた
当店秘伝のスペシャルブレンドです。

Latte

リッチなエスプレッソに、濃厚なミルクを加えた人気のラテです。

Drip

濃厚で酸味と苦味のバランスが優れた
当店秘伝のスペシャルブレンドです。

Latte

リッチなエスプレッソに、濃厚なミルクを加えた人気のラテです。

文字要素だけの場合でも、見出しとキャプションがどのグループに属するのかを明確にすることが大切です。左の例のように、見出しとキャプションの間隔よりカテゴリー同士の間隔が狭いと、グループの存在そのものがわかりづらく、情報の全体像も判読しにくくなります。

色分けする

関連している要素を色を使ってグループ化することで、他の情報と区別して見せることができます。たとえば、書籍などの紙媒体ではツメのデザインや見出し文字の色を章ごとに設定することで、各ページに掲載された情報がどのグループに属しているかをつかみやすくしています。

同じグループの要素を色でまとめると、要素の関係性が瞬時に認識できます。これが"色の持つ力"です。とても強い力なので、文字要素で色を多用すると、目がチカチカして視点が定まりにくく、読み手は落ち着いて読むことができなくなるので注意が必要です。色による見せ方を効果的に使える部分を考えながら使いましょう。

色を分けると、グループの
区切りが明確に！

グループ内の情報量に差があり、カテゴリーの区切りがわかりにくい場合は、見出しまわりの文字色を変えることで自然と別グループであることが認識できるようになります。また、文字の黒々とした印象を弱めることもできます。

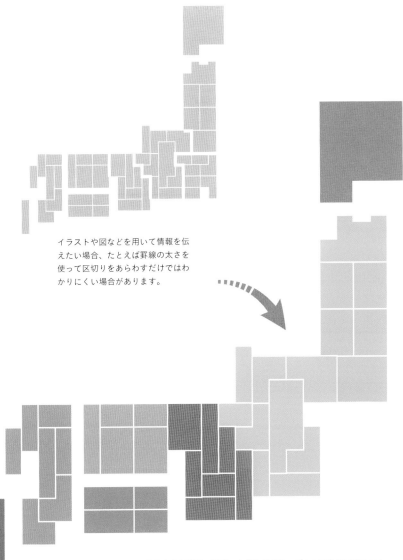

イラストや図などを用いて情報を伝えたい場合、たとえば罫線の太さを使って区切りをあらわすだけではわかりにくい場合があります。

このように四国、関東、九州などグループとして色分けすることで、地域ブロックを示す地図であることが伝わりやすくなります。

2

ライン

情報量が多く構成が複雑なコンテンツの場合、前述のグループ化による整理だけでは、情報の効果的な伝達を実現しきれないことがあります。デザイン上では存在しない空間による"見えない線"を駆使し、「あける」「そろえる」作業を行います。

おもてなしパーティーにぴったり！
ローストビーフ
オニオンサラダ

材料(1人分)
牛肩ロース肉ローストビーフ用350g
玉ねぎ1個
赤ワイン 50cc
醤油50cc
にんにく 一欠片

作り方
❶ 牛肉は室温に戻し分量外塩を擦り込み30分おく。
❷ フライパンに油を熱し強火で2の表面全体に焼き色をつける。
❸ を耐熱皿に移し120度のオーブンで20分焼く。

特別な日のごちそう！
ガーリックオニオン
ステーキ

材料(1人分)
玉ねぎ1/2玉約150g
にんにく 一欠片
ケチャップ大さじ5
赤ワイン大さじ2
塩こしょう適量

作り方
❶ 玉ねぎにんにくはみじん切りにして
　　オリーブオイルで炒める。
❷ 玉ねぎが透き通ったら、ワイン、調味料を入れる。

曖昧さは読み手を不安にさせる

あけるのか、詰めるのか。そろえるのか。あえてずらすのか。曖昧さは、読み手を困惑させてしまいます。

あける

たくさんの要素が詰まったレイアウトで、囲みや色地を必要以上に多用すると、それぞれが独立した存在に見え、情報の優先順位がなくなり、読み手の目線を導きにくくなります。関係性の強いビジュアルや文章は"見えない線"を細く設定し、関係性の弱いものは太く設定します。空間による"見えない線"を使って上手に区切ることで、各情報の階層やグループが整理され、情報を瞬時に判読できるストレスのないレイアウトを実現できます。

左の例は文字とイラストの間の"見えない線"の幅が均等で、文字要素がどのイラストと結びつくのかが判別しにくくなっています。一方、右の例は関連する文字とイラスト同士の間にある"見えない線"の幅は細くして近づけ、上段と下段の要素の間の線幅は太くして、情報を区切っています。

ラインの幅が均等

ラインの幅に差をつける

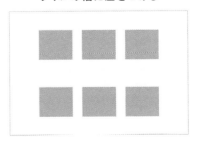

写真と文字が等間隔に配置されていると、写真と文字との結び付きが弱くなり、読み手は混乱します。一方、関係性が強い画像と文章を近づけて、他の要素とライン（見えない線）で分けると、読み手は自然に情報のグループを認識することができます。

そろえる

大見出し、小見出し、本文、写真、キャプションなどをひとまとまりの情報として見せたいときには、まず"見えない線"を定めて、文章の始点、画像の天地位置やサイズを決めます。「位置ぞろえ」のルールを決めることで、レイアウトに安定感が生まれ、視線の誘導がしやすくなります。結果として、読み手も混乱しにくくなります。

左の例では文字やイラストの大きさや配置にルールがなく、イラストと文字の関係性をきちんと判断できません。右は見出しの位置やイラストの大きさ、文章の始点に安定感やまとまりがあります。さらに、アップルパイとクッキーのレシピがそれぞれ独立した情報であることも明確になっています。このように、要素を"見えない線"に合わせて並べることもレイアウトの基本です。

写真と文字を左揃えにしてまとまりを

右の例のように、見出しやキャプション、さまざまな大きさの写真を配置する場合には、写真や文字の位置・高さなどを一定の方向でそろえることにより、要素が多いにもかかわらずすっきりまとめることができます。

EYE

パールライナーでまつ毛とラインを飾りつけ

ツヤ感が出るアイシャドウでまぶたに陰影を作り、まつ毛とラインに輝きをプラスすれば、まばたきのたびにきらめく目元に。A キッカ ミスティック パウダーアイシャドウ EX30 5,500円＋税／カネボウ化粧品(8月17日限定発売) 上品なツヤ。B ティアアイライナー WH901 850円＋税／エチュードハウス パール入り。

Aの左の上下2色を混ぜてまぶた全体に、Aの右の上下2色を混ぜて二重幅と涙袋にのせる。黒ラインは引かずに、上まつ毛に黒マスカラをON。目尻1/3にBラインを引きまつ毛の先にもBをON。

文字揃え

ストレスなく
読ませたいなら

左揃え

人の目は左から右に視線が
流れやすいので、文章を左
揃えにするとストレスなく
読ませることができます。
また、すっきりとした知的
な印象になるのも左揃えの
特徴です。

保湿コスメセット
大人気の保湿コスメセットが
今なら20％お買い得です。

エレガントな雰囲気を
醸し出すなら

中央揃え

センターに情報を集めて、
上から下に目線を誘導させ
ます。繊細さや高級感を感
じさせたいデザインに向い
ています。また、画像の形状
に動きがある切り抜き写真
と相性がよいのも特徴です。

保湿コスメセット
保湿コスメセットお買い得
12月末まで

斬新なデザインを
狙うなら

右揃え

左揃えに比べなじみが少
ない文字揃えですが、ポス
ターなど文章の少ないデザ
インのアクセントとして効
果的。句点で改行すると、
文字の行末がそろわなくな
るので注意が必要です。

保湿コスメセット
保湿コスメセットお買い得
12月末まで

空き間隔の揃え

右の例のように、レシピの情報が2つ
並んだ場合、それぞれイラストと文字
との空き間隔を統一し、ルールをつく
ります。共通性を持たせることで、異な
るレシピが2つあるという判断ができ
ます。ラインのサイズにルールがなく不
統一だと、情報がまとまらず散漫な印
象になってしまいます。

アップルパイ

りんご　　　砂糖
パイシート　水
バター　　　卵黄

クッキー

薄力粉　りんご
牛乳　　卵
バター　塩

罫線を使う

それぞれのグループの関連性をしっかり見せるためには、罫線を使うのが効果的です。罫線を使うことは、デザインの要素を増やすことになるので、太さや濃度、罫線の種類や要素との間隔にまで気を配らないと、かえってうるさい印象を与えてしまうので注意しましょう。

要素が多くなると、情報の区切りがあいまいになり読み取りにくくなります。罫線で区切ることで、情報のまとまりと境界が明確になり、目線の誘導もスムーズになります。

枠をあしらう

ワンポイントやコラムなど、トピック的に見せたい情報を入れたい場合は、囲み線を使って、特別な情報であることを明示します。

枠を入れることで、
コラム感がUP！

伝え方を差別化したい情報を載せたいときに効果的なテクニックです。ただし、すべての要素を枠で区切って"水田"さながらのレイアウトになってしまわないよう注意が必要です。

Lunch Time
11:30-15:00

Lunch Menu

ALL
¥1,200

◎ 日替わりランチプレート

◎ 本日のパスタ

◎ 煮込みハンバーグ

全品／サラダ・スープ・ドリンク付き

SET DRINK

● コーヒー（Hot／Ice）
● 紅茶（Hot／Ice）
● オレンジジュース
● アップルジュース
● ジンジャーエール
● コーラ

Lunch Time
11:30-15:00

Lunch Menu

ALL
¥1,200

全品／サラダ・スープ・ドリンク付き

日替わりランチプレート　　　　**本日のパスタ**　　　　**煮込みハンバーグ**

SET DRINK

● コーヒー（Hot／Ice）　● 紅茶（Hot／Ice）　● オレンジジュース
● アップルジュース　● ジンジャーエール　● コーラ

右下の「SET DRINK」に注目しましょう。上の例は、セットドリンクメニューの存在感が弱くなってしまっています。
下の例は、枠線で囲ってメインメニューと区別されており、ドリンクが全品に付くことがわかりやすくなっています。

コントラスト

情報の意味や内容を素早く効果的に伝えたいときには、色の持つ力を借りましょう。色を増やして変化をつけるのがもっとも簡単ですが、色数を無駄に増やさず色のコントラストを駆使して視覚的な差を示すほうが、判読性の高いレイアウトになります。

オープニングスタッフ募集！

明るくアットホームな職場で一緒に働いてみませんか

募集要項

勤務時間：9:00〜17:00、週3日〜OK、土日祝日大歓迎

【資格】高卒以上　未経験者歓迎
【待遇】各種保険完備、制服貸出、食事割引、交通費全額支給

まずは履歴書を送付してください。面接の場合はご連絡いたします。

情報をキャッチしづらい

文字のサイズや余白の変化はあるものの、すべてが同色なのでじっくり読まないと情報が頭に入ってきません。

コントラストの持つ効果

左は色相で差をつけている一方、色数が多く落ち着きがありません。それに比べ、右は色の明度でコントラストをつけて差を出し、デザインの統一感が取れたものになっています。場合にもよりますが、使用する色数は3色までに抑えるのが基本。なお、たとえば濃度の異なるM10％のピンクとM50％のピンク。同じピンク色でも色数は2色としてカウントします。

オープニングスタッフ募集!

明るくアットホームな職場で一緒に働いてみませんか

募集要項

勤務時間：9:00〜17:00、週3日〜OK、土日祝日大歓迎

【資格】高卒以上　未経験者歓迎
【待遇】各種保険完備、制服貸出、食事割引、交通費全額支給

まずは履歴書を送付してください。面接の場合はご連絡いたします。

<u>強弱が生まれ、情報が明確になる</u>

色のコントラストによって、情報のまとまりや序列が明らかになり、内容がすっと頭に入ってきます。

POINT.1 明暗で強調する

THROWの

美カラーでつくる夏

季節の変わり目は、ファッションとともにヘアスタイルもイメチェンしたくなる♡ そんなときは、カラーで変化をつけるのが断然今っぽ！ お気に入りのスタイルを見つけてみて。

Photograph_Masami Hiroe Design_Yukiko Sawada (ARENSKI)

POINT.2 類似色2色で区別する

POINT.3 補色でアクセントを出す

のトレンドヘア *style*

ツヤと透明感増し増しの
ヘルシーなモテボブ

顔まわりのレイヤーや外ハネ、
オン宿前髪でちょっぴりおてん
ばな女の子風なスタイルは、
カラーで女らしさをプラス。
同系色のワントーンで仕上げ
てより上品に。

order／ショコラーシュ何は
レベルベースに、フロント部
分はブリーチで18にしたのちショ
コラージュとクリアをオン、髪まわりにもレイヤーを
たっぷり入れて軽みのあるボブ
と襟足のバッツン前髪のコント
ラストがポイント。

人とかぶらない
個性の光るデザインカラー

いっけんハードルの高そうなカラー
でも、全体のトーンを暗くそろえ
ブリーチ部分のコントラストをつ
けすぎないことで派手すぎない洒落感
もあたえてくれる。

order／フロントに入れた主役のブ
ルーをいかすために、全体も少しグ
レーっぽくかった、アッシュ系に
カラーリング。ウルトは耳前
したがら本来で設定し、ウエイト
は顔の高さ、えりあしは生えぎわにあ
わせてタイトについたショートボ
ブでコンパクトに。

Tokyo

SalonAB 表参道店
Lisaさん

☎ 0123-45-6789
📷 @hair.xxxxxxx

クセ毛をいかした
ニュアンスショートボブ

丸みのあるひし形シルエットで
ショートボブでもオンナっぽをキ
ープ。フロントに入れたピンクラ
ベンダーで、おろしてもアップバン
グにしても華やかでサマになる！

order／顔まわりから耳後ろにかけて
ブリーチしてからピンクラベンダーを
オン、全体は13レベルのミルキー
グレージュに。ウエイト位置を低めに設
定したショートボブに、軽量リーブス
として耳まわりを細かくカット。ラ
ベンダーはほんのり全体の統一感も
出やすくカット。

Kanagawa

Salon KK
藤井 かなさん

☎ 0123-45-6789
📷 @hair.xxxxxxx

Kanagawa

Suzu Hair
Yukaさん

☎ 0123-45-6789
📷 @hair.xxxxxxx

flame color

ミルキーハイトーン

ON⇔OFFで変化をつけられる
遊び心の効いたボブ

根強い人気の外ハネボブに、顔まわりを切り込む
カットで新鮮みを。前髪全体と耳前に細かいイン
ナーカラーを入れて、サイドの髪を耳にかけたリア
レンジによっていろんなスタイリングを楽しんで。

order／全体はミルキーベージュのインナーとその
先は10レベルのブラウンにしてフロント部
分の明るはピンクラベンダー、ショコラ
ベージュ、ミュリーでつくる。ウェイトは
ハイ10%、毛先はレイヤーはピンクラ
ベンダーとベージュ、ミルキーでなじませ
て前髪もミックスカラーで立体感に。

Tokyo

SK Salon
Sakiさん

☎ 0123-45-6789
📷 @hair.xxxxxxx

オンナっぽボブにキュートなピンクを差して

美人度がぐんと上昇するあごラインで切りそ
ろえられたボブ。そこに、奇抜すぎないベー
ルピンクを細かく顔まわりにアクセントとし
て、かわいらしさと夏らしい軽やかさを演出。

order／重めのAラインのボブをレイヤーあるシルエットをつくり、顔まわりはレイヤーではらりとニュアンスが生まれる前髪にしてインナーカラーを細かく加えサマに。全体は地毛に近いブラウンに。レイヤー部分のカラーはブリーチしたところにベールラベンダーを入れる。

Kanagawa

Flowers hair
佐藤 莉乃さん

☎ 0123-45-6789
📷 @hair.xxxxxxx

POINT.4 背景色で区切る

明暗

究極の明るさを表現する「白」。見出しなど、強調したいワードが複数ある場合、どの色とも相性のよい白を使うと、デザインの邪魔をしません。

強調したい文字が複数ある場合、色数を増やすとデザインがごちゃごちゃしてしまうため、使用している配色でフチ文字にしたりして変化をつけています。

類似色

色相環の両隣の色を"類似色"といいます。少しずつ似たもの同士の似色を使うことにより、自然界に見られるような調和のとれた色使いができます。

赤紫、青紫と近い色を使うことで、色数を増やしてもデザイン要素同士が喧嘩をしません。色を変えることで、情報が区別され判別しやすくなります。

補色

色相環の正反対の位置の色を"補色"と言います。メインカラーの補色を使うとアクセントの役割を果たします。

紫色の差し色として反対色のグリーン系の色を使うことで、アクセントになっています。

背景

背景に色地を敷くと、その部分がほかとは違う特別なものであることを表現できます。白地も1色としてカウントします。

ここでは、店舗情報を別の情報とひと目でわかるよう囲って区別しています。色数は増やさずに、スミ色のフチで変化をつけています。

視認性

レイアウトデザインにおいて、視認性とはビジュアルに
よる見やすさの度合いを意味します。たとえば、スーパー
のチラシに視認性を高めるテクニックを応用したとしま
す。そうすることで、「A店のほうが安くて魅力的」といっ
た情報の伝達スピードをより高めることができるのです。

RULE

①

メリハリ

強調したい要素のサイズや色、太さなどに変化をつけることで生じる、ある種の違和感をテクニカルに応用するのが「メリハリ」です。メリハリは、情報を即座に見つけてもらうためのスパイスになります。

美しいレイアウトデザイン

メリハリのあるデザインは、見やすいデザインである。

美しいレイアウトデザイン

メリハリのあるデザインは、見やすいデザインである。

メリハリは、強調したい部分に使うと効果的です。伝えたいことや論点が見つけやすくなります。また、メリハリのつけ方にはさまざまなものがあり、サイズを大きくするのか、色で変化をつけるのかなど、つくりたいデザインによってその方法は異なります。ただし、変化をつけすぎると、メリハリとしての効果は薄れ、ごちゃごちゃした印象しか与えないデザインになってしまうので、使いすぎには気をつけましょう。

メリハリのつけ方いろいろ

サイズ

本文と見出しの文字サイズの差が大きいことを「文字のジャンプ率が高い」、差が小さいことを「文字のジャンプ率が低い」と言います。読み手に注目してほしいワードを大きくしてジャンプ率を高くするとメリハリが生まれます。

文字の大きさで
差別化をはかる

ケーキ1個
200円

値段を大きく表示して強調。ジャンプ率が高いとダイナミックさや力強さを印象づけられます。値段をアピールしたいお買い得商品の広告などによく見られます。

色

文字の色を変えて、目立たせる方法です。もっとも目立つのは標識などにも使われる「金赤」や「黄色」。前後の文字色などとの対比によって目立たせるテクニックなので、ほかの色との明度や彩度の差、反対色を使ってカラー設計をします。

文字の色を
変えて強調する

全粒粉使用
ケーキ
1個 200円

文字の大きさが同じでも、目立たせたい文字の色を「金赤」にすることで、訴求したい部分が素早く伝わりやすくなる効果があります。

背景

レイアウト全体の背景色と明度や彩度、反対色を駆使してコントラストをつける強調方法です。部分的に囲ってほかの色を背景に敷くことで存在感が増す効果があります。通販広告の商品説明などで見られるテクニックです。

囲みを使って
存在感を出す

全粒粉使用
ケーキ
1個 200円

ほかの情報とは異なる、特別な情報には、明度の異なる背景色の処理で明確に差別化をしています。メリハリ効果で、そこだけ浮き上がって見えます。

ウェイト

関係性の高い情報同士で、強弱をつけたい場合、同じ書体でも異なる太さを使うことでグループとしてのまとまり感も演出できます。デザイン要素が多用されている場合、書体の種類を減らすことで、落ち着いた仕上がりになります。

**関係性の高い
情報内で有効**

全粒粉使用ケーキ
ストロベリー **200円**
ブルーベリー **250円**

関係性の高い情報同士の書体をそろえることで、グループとして認識しやすくなります。ウェイトを変えることで、グループの中でも情報に差をもたらすことが可能です。

書体

ベーシックな書体の中に手書き風の書体など、イメージの異なる書体をポイントに使うことで、「ウェイト」に比べ、伝えたいキーワードの見つけやすさが高まります。書体の変化により動きがでるため、にぎやかなデザインにぴったりです。

**強調したい
部分には書体で
差をつける！**

全粒粉使用
ケーキ
1個 200円

書体を変えることで強調したい部分が区別され読みやすくなりました。「サイズ」との合わせ技で、さらにメリハリが生じて読みやすく。

ワンポイント

強調したい文字がいくつかある場合は、あしらいを加えて、デザインに変化をつけます。書体や色で変化をつけたりほかのテクニックも駆使しながら単調なデザインにならないようにします。DM などでは「バクダン」というあしらいをよく使います。

**要素が多い
デザインで
効果あり**

限定
50個

全粒粉使用
ケーキ
1個 200円

ワンポイントには短い文言が相性バツグン。一瞬で内容が把握できるように、目立つ配色と大きさ、形に調整して特別な存在感を。

ナチュラル・ハーバル・エッセンス　天然ハーブで優しさと安らぎを。

天然ハーブの力で
透明感
ある肌へ

ホホバオイル

ローズマリー精油　ジンジャー精油

3 つの天然成分配合で、
優しさと安らぎをあなたに。

天然成分 ✕ うるおい ✕ 安らぎ

天然成分オイル配合のスキンケアで、気持ちの良い毎日をお届けします。ストレスによる肌荒れ、くすみ、乾燥にお肌の内部層から深く働きかけます。お肌の陰影が気になり始めた方にもエイジングケアとして最適です。

まずは、10日間お試しください！
ナチュラル・ハーバルエッセンス
トライアルキット

- エッセンスオイル美容液
- ローション
- ナイトマスククリーム

初回限定　送料無料

今 だ け
100 セット
限定！

~~13,300円が~~
特別価格 9,800 円 (税込)

購入する

[オーガニック化粧品／ランディングページ]

左はオーガニック化粧品の通信販売のランディングページです。40代から50代の女性を対象に、商品の購買を促すのがこのランディングページの目的です。

サイズ

天然ハーブ
透明感
ある肌へ

商品の特性を表すと同時にターゲットに訴求するキーワードである「透明感」のジャンプ率を高くして強調しています。

色

容液
ム

初回限定　送料

9,800円

購入する

プライス表示はサイズ差による強調だけでなく、デザイン中でもっとも印象の強い色を選択。ベースカラーと対比関係をつくります。

背景

まずは、10日間お試しください！
ナチュラル・ハーバルエッセ
トライアルキット
●エッセンスオイル美容液
●ローション　　　　　　　　　初回限定　送
●ナイトマスククリーム
~~13,300円が~~
特別価格 9,800

購入する

商品イメージや商品特性の解説とは異なる部分で、購買意欲を起こすための引きの強い情報を背景の処理で明確に分けています。

ワンポイント

今だけ
100セット
限定！

「あなただけにこっそりお教えします」のような特別感を表す言葉には、そこだけ浮き上がって見えるようなあしらいが効果的。

ウェイト

ナチュラル
トライアル
●エッセンスオイル美
●ローション
●ナイトマスククリ

同じ書体の異なる太さで情報の階層を明らかにします。「商品名」と「キットに含まれる個別製品」の関係性がひと目で伝わります。

書体

まずは、10日間お
ナチュラル・
トライアルキ
●エッセンスオイル美容
●ローション

ゴシック体を中心としたデザインの中で、お客さまに直接届ける話し言葉のような表現のキャッチコピーに限り明朝体で変化を。

POINT
・・・

☑ 商品の特徴やアピールポイントが複数ある場合には、
優先順位が高いものからサイズ→色→背景の順でメリハリをつける

☑ お客様への特別な情報や語りかけるメッセージは、
ワンポイント、ウェイト、書体で変化をつけて強調する

フォントファミリーを使いこなす

文字のウェイト（太さ）の組み合わせでメリハリをつけるのは、シンプルに見えて実は難しいもの。多くの和文・欧文書体はウェイトの違いで「ファミリー」として構成されているので、まずはファミリーの使いこなしから理解しておきましょう。ファミリー書体の中から太さを選べば、統一感を持たせながら強弱をつけられます。

【 Helvetica 一族 】

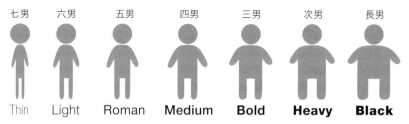

七男	六男	五男	四男	三男	次男	長男
Thin	Light	Roman	Medium	**Bold**	**Heavy**	**Black**

ファミリー書体とは、まさに1つの家族のようなもの。血は繋がっているけどそれぞれ特徴があります。

Helveticaの ファミリー	Gill Sansの ファミリー	小塚明朝の ファミリー
Helvetica	**Gill Sans**	**小塚明朝**
Helvetica	***Gill Sans***	小塚明朝
Helvetica	**Gill Sans**	小塚明朝
Helvetica	Gill Sans	小塚明朝
Helvetica	*Gill Sans*	小塚明朝
Helvetica	Gill Sans	小塚明朝

ファミリー書体は統一感を出せる一方、動きのない退屈なデザインになることも。また、ウェイトを増やしすぎると混乱を招くため、読み物なら2〜3種類までの使用を目安とします。なお、単純に太さが違うだけでなく、ウェイトによって「はね」や「はらい」など緻密にデザインされているので、細部にも注目しましょう。

POINT
・・・

☑ ウェイト（太さ）の使いすぎはNG！ 2〜3種類までに

☑ デザインの統一感と情報の強弱を同時に実現できる

上は、メリハリがなく訴求力が弱い印象です。下は、同じ「ゴシック MB」書体を使いつつもウェイトで強弱をつけています。この商品が、「防水電波時計シリーズ」と認識できます。「Watch」にも時計の力強さが感じられます。

ジャンプ率

もし、新聞の見出しが、すべて同じ大きさだったら、どれがスクープかわかりづらくなってしまうでしょう。注目させたい文字や写真の大きさを変えると、自然と目に留まるものです。また、デザインの第一印象を決める効果も持ち合わせています。目的に合わせたジャンプ率の使い方を理解しましょう。

HONOLULU MARATHON
12.10 am5:00Start!
エントリーはこちら

低いジャンプ率

ひと目ではメッセージが伝わりづらく、メリハリのないデザインです。

ジャンプ率とは？

大きな要素と小さな要素のサイズの差のことを「ジャンプ率」と呼びます。差が
大きいと「ジャンプ率が高い」と言い、躍動感が出てメリハリを感じられます。
逆に差があまりないものは「ジャンプ率が低い」と言い、静かで落ち着いた印象
を感じさせます。読み手の受け取り方が変わる大切な要素です。

高いジャンプ率

活気が出て、タイトルがパッと目に飛び込んできます。

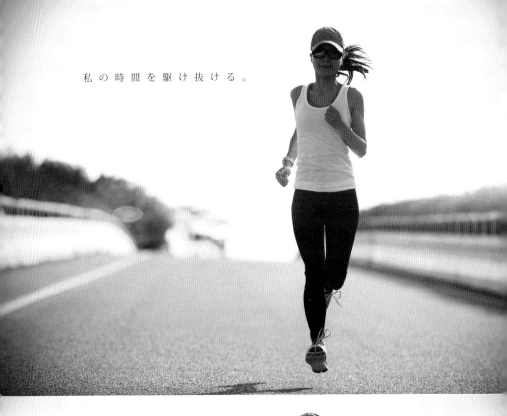

私 の 時 間 を 駆 け 抜 け る 。

私の時 間を
駆け抜 ける

064

印象を変える

ジャンプ率が変わるだけで、全く違った印象になります。元気で活気のある
印象にしたいのか、それとも上品で落ち着きのある印象にしたいのか。目的
に合わせて、ふさわしいジャンプ率で表現しましょう。

ジャンプ率が低い

- ☑ 落ち着き、知的、真面目さ
- ☑ 上品で高級感
- ☑ ささやきかけるような静かさ

余白を十分に取ることで、ポツンと置いた文字は、小さくても注目が集まり目立ちます。真剣さ、
落ち着きが感じられるメッセージに見えます。

ジャンプ率が高い

- ☑ 元気、活気がある
- ☑ 訴えかける力強さ
- ☑ ダイナミック、躍動感

文字をレイアウト面いっぱいに拡大すると、迫力が増します。女性の力強さ、エネルギーが感じ
られるメッセージを受け取れます。

Best of
running shoes

足は一日の中でも時間と共に大きさが変わる部位である。
最も大きくなるのは15時頃で、
起床直後と比べて体積が約19％大きくなる。

これから、ジョギングを始めるあなたに

これから、ジョギングを始めるあなたに

Best of
running shoes

足は一日の中でも時間と共に大きさが変わる部位である。
最も大きくなるのは15時頃で、
起床直後と比べて体積が約19％大きくなる。

写真の**ジャンプ率**

写真においてのジャンプ率は、単にジャンプ率が高ければ活気のあるデザインに仕上がるわけではありません。静かな印象の写真を大きくすると、さらに静けさが強調されます。伝えたい目的に合わせて変化をつけましょう。

ジャンプ率が低い

- ☑ 穏やか
- ☑ 上品で高級感
- ☑ 静か、落ち着き

ジャンプ率を下げると、穏やかで静かな印象になります。人物を引いてトリミングすることで、走る女性に注目させたメッセージになっています。

ジャンプ率が高い

- ☑ 元気、活気がある
- ☑ 切れ味が良い
- ☑ ダイナミック、躍動感

歯切れの良い、迫力のある印象になります。足元に寄ることで、走る脚に注目させたメッセージになっています。

ホワイトスペース

レイアウトデザインにとって、余白は単なる"空いたスペース"ではなく、大事なツールのひとつです。余白を上手に設けることで、目線をコントロールしたり、写真などのビジュアル要素を強調したりできます。余白が持つ効果を理解しましょう。

Coffee and Reading
読書におすすめの珈琲

読書を欲する者は閑暇を見出すこと勇気が必要である。ひとは先ず初めなに賢明でなければならぬと共に、規則けれどもたいつねに読書に好的に読書するということを忘れてはならないものではない。物々しいに好に。毎日、例外なしに、一定の時間都合な状態にあるのではない。読書らない。たとい三十分にしても、読書する好都合な状態ができてから読書しよ習慣を養うことが大切である。かようと考えるならば、遂に読書しないで終にして二十年間も継続することができるであろう。ひとたび読書し始めるなっているであろう。読書の習慣は読れば、落着かない心も落着き、憂いもなのための閑暇を作り出す。読書の時もたちまち忘れられて、遂に読書に閑がないと云う者は読書の習慣を有やすくなるやしやすくなる読書にないことを示している。読書の習慣をが多い。先ず読書することから読書得た者は読書のうちに全く特別の楽しに適した気分が出てくる。ひとたび読書みを見出すであろうし、その楽しみがの習慣を得ればというたびに読書に彼を読書から離さないであろう。落着いた大学生といい読書の習慣を有他の場合においても同様、読書にもわれる者はたいてい読書の習慣を有

要素が密集しすぎると窮屈な印象に

四辺をすべて要素で埋めつくすと、窮屈で重い印象になってしまいます。

ホワイトスペースとは？

「ホワイトスペース」とは何も存在しない余白のスペースのことです。ホワイト
といっても白とは限らず、たとえ色があっても要素が空っぽであればホワイトス
ペースにあたります。全体にまんべんなく余白が広がっていると、散漫で印象が
薄くなりますが、効果的につくられたホワイトスペースは、1点に注目させたり、
情報が整理された見やすいデザインになったり、さまざまな効果が得られます。

Coffee and Reading
読書におすすめの珈琲

読書を欲する者は間暇を見出すこと賢明でなければならぬと共に、規則的に読書するということを忘れてはならない。毎日、例外なしに、一定の時間に、たとい三十分にしても読書しようと考えるのが大切であるう。かようにして二十年間も継続することができるとすれば、その間にひとは立派な文学者になっているであろう。読書の習慣は読書のための時間を作り出すことを要しないということを示している。読書の時間というのはいやでも特別の楽しみが彼を読書のうちに、全く特別の楽しみを見出すのである。その楽しみが彼を読書に励ます者は、たいてい読書の習慣を有する者であるう。読書に好都合な状態にあるのではない、読書に好都合な状態ができてから読書しようと思うならば、彼は遂に読書しないで終るであろう。ひとたび読書を始めるならば、落着かない不遇な心にかかわらず、すべて読書に適した落着き、愉しみ忘れられ、不遇でも都合の悪い状態が生ずるであろういや先ず勇気が必要である。ひとは先ず始めなければならぬ我々は先ず読書を始めること、やがて面白いや気分が出てくるひとたび読書に適した落着き、愉しみ忘れられ、不遇でも情を得れば、習慣があらゆる情念を有し得てくれる。落着いた大学者と諦めてしまうた大学と諦めてしまうた大学をわれる者はたいてい読書の習慣を有われる者はたいてい読書の習慣を有他の場合においても同様、読書に

余白で写真と文字それぞれの印象を強める

このように余白で目の休憩地点をつくれば、読み手はストレスを感じにくくなります。

目線 をコントロール

小さな文字でも、広く設けた余白の中にポツンと置けば、デザインの主役になります。広い演奏会のステージで1人立つのと、オーケストラの中の1人では注目度が違うのと同じです。上品なデザインに仕上げたい場合には余白の効果は絶大です。

ポツンと配置して注目させる

風船の先に文字を配置して、注目度を高めています。

抜け感 をつくる

深く考えずにつくられた余白は、散漫な印象になりバランスを取るのを難しくさせます。たとえば四辺を要素で埋めると、窮屈で重たい印象になってしまいます。抜け感をつくることによって、風の抜け道のような開放感がデザインに生まれます。

呼吸・リズムを感じて

走れ！
あの先にあるものへ。

目線の先に余白の抜けを

人物の目線の先を空けることで、抜け感のバランスが取れています。

可読性

可読性とは、文字の読みやすさを意味します。文章が理解しやすい、正確に速く読めるようなレイアウトを心がけ、読み手にストレスを与えないようにしましょう。どんなに素敵なデザインでも、文字が読みづらく情報が正しく伝わらなければ台無しです。可読性を高めるためのポイントを順に見てみましょう。

RULE

書体

明朝体、ゴシック体、それぞれにたくさんの書体があります。コンテンツの内容によって読みやすい書体もあれば、読みにくい書体、タイトル向きの書体、長文に適した書体など特徴はさまざまです。書体の使い方を間違えると、情報を正確に伝えることが難しくなります。

書体を選ぶときの3つの基準

明朝体・ゴシック体の使い分け

明朝体・ゴシック体の持つイメージ、
それぞれの特徴を理解して、使い方を選びましょう。

読みやすいかどうか

サイズが小さくても、読みにくくない書体とは？
使う場所によって、効果的なものを選びましょう。

適した文字の太さを選択

文字のウェイト（太さ）によって、
読ませたい順番に、目線をコントロールしましょう。

可読性　書体

明朝体・ゴシック体 の使い分け

日本語でよく使われる書体は「明朝体」と「ゴシック体」に大別できます。書体にはデザインの方向性を決定づける力があります。ここではどのようなデザインや用途で用いると効果的なのか、それぞれの書体の特徴を押さえておきましょう。

明朝体

- ☑ 上品、エレガント
- ☑ 厳格、フォーマル
- ☑ 長文に適している

印刷物によく用いられ、古くから使われるもっとも汎用性の高い書体。上品、エレガント、厳格、フォーマルなどの印象を与えることができる書体です。縦線が太く横線が細く、全体的にすっきりして小さくても読みやすいのが特徴。このため、長文などでよく使われます。

ゴシック体

- ☑ カジュアル
- ☑ 明るい、若々しさ
- ☑ 視認性が高く、力強い

縦線と横線の太さが均一で視認性が高く、ポップでカジュアル、若々しい印象を与える書体です。文字の面積が大きく密度が高い印象を受けますが、書体によってその印象も変わります。欧文フォントと相性がよいため、横組みのレイアウトなどで使用されます。

役割で使い分ける

明朝体
書はもとより造型的（
あるから、その根本」
て造型芸術共通の
つ。比例均衡の

明朝体
**書はもとより造型的（
あるから、その根本」
て造型芸術共通の
つ。比例均衡の**

ゴシック体
書はもとより造型的（
あるから、その根本」
て造型芸術共通の
つ。比例均衡の

ゴシック体
書はもとより造型的（
あるから、その根本」
て造型芸術共通の
つ。比例均衡の

長文には全体的に黒々しない細い明朝を

明朝体は線の右端に「うろこ（セリフ）」と呼ばれる三角形の飾りと、「はね」や「はらい」があります。多くの種類があり、太い明朝は男性らしい印象が強くなります。

遠くからでもしっかり認識できる

視認性の高さから、高速でスクロールするウェブサイトや、公共施設の看板などにも用いられます。その特徴からさまざまなデザインでタイトルや見出しとして使われます。

3大会ぶりメダル

水泳男子団体「金」

全米水上選手権大会へ、これらの日本の若い精鋭が出場するようになってから、日本水上聯盟はやたらに、そして不当に世界新記録を製造しすぎるようである。終戦後は殊のほか、それが甚しい。日本人、らの日本の若い精鋭が出場するようになったことは全日本の明るい関心をあつめている。合宿先である福田屋旅館の板前さんまでただごとならぬはりきりかたで、選手のかたは一日一里以上も泳ぐのですから、食事についても十分気をつけると、もの惜しみしない談話が新聞にのっている。その記事を四、五人の男が珍しそうに大切そうに顔をさしのばしてとりかこんでいるさしのばしてとりかこんでいる写真がある。そのまんなかで古橋君は若者らしく笑っている。

日本の水泳が世界記録を破るようになってから、日本水

新聞は文字の読みやすさをもっとも追求している媒体。本文は明朝体の特性により、ひらがなと漢字に抑揚があり、長い文章でも読みやすい印象に。また書体の種類を多用しすぎないことも、長い文章を集中して読ませるときに必要なデザインの配慮になります。

可読性 書体

3大会ぶり

水泳男子団体「金」

全米水上選手権大会へ、これらの日本の若い精鋭が出場するようになったことは全日本の明るい関心をあつめている。合宿先である福田屋旅館の板前さんまでただごとならぬはりきりかたで、選手のかたは一日一里以上も泳ぐのですから、食事についても十分気をつけると、もの惜しみしない談話が新聞にのっている。その記事を四、五人の男が珍しそうに大切そうに顔をさしのばしてとりかこんでいる写真がある。そのまんなかで古橋君は若者らしく笑っている。

全体的に文字の縦横線が均一で、面積が大きいことから黒々として読みづらく、読み手にストレスを感じさせることも。

読みやすい文字かどうか

「明朝体」「ゴシック体」と言っても、さまざまな種類があります。また、使用しているPCにも形の似かよったものから個性的な書体まで数多くインストールされているでしょう。ここでは読みやすい書体について解説します。

長文はシンプルに

ゴシック体

書はもとより造型的で
あるから、その根本原理
造型芸術共通の公理
比例均衡の制約

ゴシック体

書はもとより造型的で
あるから、その根本原
て造型芸術共通の
つ。比例均衡の

クセのある書体は読みにくい

個性的な書体もたくさんありますが、判読性や視認性、可読性のすべてにおいて読みづらくなるため、デザインに強いコンセプトや意図がない限り長文に使われることはありません。長い文章をじっくり読ませたいなら、ゴシック体や明朝体から細めの書体

を選びましょう。個性的な書体は、表紙やポスターなどのグラフィックワークでワンポイント（P.57参照）として使います。ロゴ、タイトル文字などの少ない文字量でインパクトを与えたり、にぎやかなデザインにしたりするときに効果的です。

可読性の高い書体を

明朝体

書はもとより造型的で
あるから、その根本原
て造型芸術共通の
つ。比例均衡の

明朝体

書はもとより造型的で
あるから、その根本原
て造型芸術共通の
つ。比例均衡の

長文向きの明朝体とは？

伝統的な書体だけに明朝体にもさまざまなフォルムの書体があります。左のような筆文字タイプは、線の太さで黒々しく重たく見え、長文では読みにくさを感じさせます。

ゴシック体

書はもとより造型的で
あるから、その根本原
て造型芸術共通の
つ。比例均衡の

ゴシック体

書はもとより造型的で
あるから、その根本原
て造型芸術共通の
つ。比例均衡の

長文向きのゴシック体とは？

同じひらがな・カタカナでも書体のフォルムによっては判別性が悪く読みづらいことも。たくさん種類のあるゴシック体は似ているようで、それぞれにフォルムが異なります。いくつかの文字を比較して選定するとよいでしょう。

判別しやすい欧文書体

layout
font

layout
font

Layout
Font

Layout
Font

長文向きのサンセリフ体とは？

欧文でゴシック体に相当する書体を「サンセリフ体」と呼びます。左の書体は丸みのあるフォルムが可愛いものの、「t」や「f」などが判別しにくく、長文となると読み手にストレスを感じさせる書体といえます。

長文向きのセリフ体とは？

欧文で明朝体に相当する書体を「セリフ体」と呼びます。左の2つを比較すると、左側は2重ラインのデザイン性が強く、文字が判別しづらい書体です。長文になると読み手にストレスを与えます。

適した文字の**太さ**を選択

読ませたい順番に目線を誘導するには、ウェイト（太さ）で変化をつけましょう。見出しなど、文章の役割に応じてウェイトを変えれば、サイズを変えるだけでは得られなかった、読みやすさと、注目度を両立させることができます。

太さで強調

明朝体

書はもとより造型的あるから、その根本原造型芸術共通の公比例均衡の制約

明朝体

書はもとより造型的あるから、その根本て造型芸術共通のう。比例均衡の

タイトルや小見出しにウェイトで変化を

見出しのウェイトに変化をつけて、強調します。太いことで、重要だと読み手に認識させ、読ませたい順番に視線を誘導させます。

カラー

文字や図版の「読みやすさ」「見やすさ」を向上させるには、色の組み合わせ（配色）にも配慮が必要です。また写真の上に文字を載せる場合も、工夫が必要です。パッと見て色で即座に文字情報が判断できるように、色を上手にコントロールしましょう。

色覚コントラストをつける

背景と文字の色に明度、彩度のコントラストをつけると読みやすくなります。

Which? どれが読みやすい？

読みやすさ
20%

背景と文字どちらも明る
く、読みにくくなります。

読みやすさ
100%

明暗の差があるので、標識
でよく見られる配色です。

読みやすさ
20%

色と明度が近いため見分
けにくくなります。

読みやすさ
40%

反対色でチカチカして読
みにくくなります。

読みやすさ
20%

どちらも暗く、文字が読
みにくくなります。

読みやすさ
80%

コントラストが抑えめで
やわらかい印象です。

読みやすさ
60%

文字と背景の明るさが近
いため可読性に欠けます。

読みやすさ
100%

明るさの差が大きいの
で、文字が目立ちます。

写真と文字のバランス

写真の上に載せた文字が背景になじんで読みにくければ、どんなに素敵な
ビジュアルでも情報が正確に伝わらないNGレイアウト。写真の雰囲気は
壊さず、文字情報もしっかりと読みやすくしなければ、伝達力のある良い
デザインとはいえません。

どっちが読みやすい？

色をかぶせる

写真にグラデーションの色を載せて、写真の雰囲気を壊さず、文字を配置した場所も変えずに見せることができます。

暗くする

背景を暗くして、白ヌキ文字と明暗のコントラストをつけることで可読性が高まります。

色地を入れる

色の枠や背景を敷くことで、文字情報を写真に溶け込ませずに読ませることができます。

背景をぼかす

ごちゃごちゃした背景で読みにくい場合は、見せたい主役の部分だけにピントを合わせ、それ以外の部分をぼかします。

1色に変える

 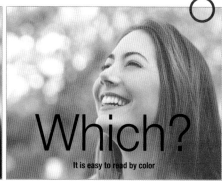

フルカラー写真では色数が多いため、文字色と溶け込みがちです。デザインの色数を減らすことで読みやすくしています。

文字の見せ方いろいろ

光彩

写真を邪魔せず、使いやすい加工です。フェミニンな雰囲気のデザインと相性が◎。

ふくろ文字

文字に力強さが備わり目立ちます。ポップな雰囲気のデザインと相性が◎。

透かし

写真の雰囲気を壊さず、写真に文字色を乗算させてなじませます。

フチ文字

白ヌキ文字だけでは読みにくい場合、色フチを付けると輪郭がはっきりします。

ドロップシャドウ

陰影により立体感が出て、文字が際立ちます。強調したい文字にも効果的です。

082

お宿　　ものづくり　　おいしいもの

古都の風土を楽しむ
ならまち

奈良市内にある世界文化遺産・元興寺の
旧境内を中心とする「ならまち」。
江戸から明治期の町家や社寺が残る門前町や
その周辺には、古都に息づく歴史や風土を感じる宿、
自然が育むおいしいものや手仕事の品に
出会えるお店が点在しています。

テラスに遊びに来る
鹿を眺めながらひと休み

奈良を体感する
ならまち界隈の宿へ

吉野杉やヒノキが映える空間。
奈良にゆかりが深い漢方や日本酒、郷土料理など……。
奈良を五感で楽しめる宿にご案内
ならまち散策の拠点にもぴったりです

奈良の宿に泊まれ「MIROKU 奈良」
のカフェはゲート時間、テラス席に
訪れる鹿を眺めながらくつろいで。
11:00〜22:00は宿泊客以外も
利用できる

text：Eri Yamamoto、Michiyo Nishi　photo：Yasutaka Ogawa、Kazunari Tamura、Shumpei Hoshi

PART

2

レイアウトのルール

可読性　カラー

昭文社：ことりっぷマガジンVol.34 2022秋

このように写真の上に文字を載せるデザインの場合、白抜き文字にしただけでは、可読性に欠けてしまい
ます。ドロップシャドウ、フチ文字をさりげなく使い、デザインの雰囲気を壊さずに読みやすくしています。

PART

3

レイアウトの
アイデア

(33の技とデザインサンプル)

／／／／／

レイアウトのさまざまなテクニックによる
効果的な見せ方を作例を使って解説します。

法則

グリッドで整然と並べる

グリッドレイアウトとは、デザインを縦横に分割する際に用いる格子状のライン(グリッド)を駆使して要素を配置する手法です。情報が整理され、各要素の大きさが多少違っている場合でも、整った印象を与えます。

グリッドを設定する

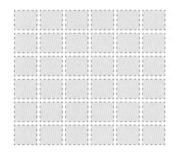

任意の幅と高さで全体を分割し、要素配置の基準となるグリッドを設定します。

基本的なレイアウト手法

紙媒体

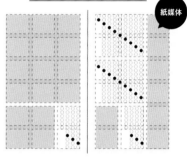

格子状のグリッドに沿って配置すると、要素は整然と並び、余白のサイズも統一されます。

多彩な分割パターン

Web

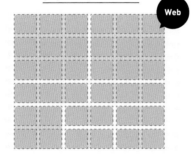

ウェブ媒体では、ページ全体を「2分割」「3分割」にするなど、多彩なレイアウト設計が可能に。

あしらいがバラバラなのはNG

同レベルの要素に対して異なるあしらいを加えてしまうと、統一感が失われます。

POINT
. . .

- ☑ コンテンツが整理され、デザイン全体の統一感を出しやすい
- ☑ すべてを均一に見せたいときに効果的
- ☑ たくさんの情報を一度に美しく見せることができる

• SAMPLE DESIGN •

Who		What		Case
30~60代男女／高級志向	✕	アイテムのバリエーションを示したい	✕	インテリアショップ

ECサイトなどでたくさんの商品アイテムを統一感を持って掲載できるのがグリッドデザインの魅力。グリッドに沿って均一に配置することで、いろいろな情報や写真も整理され、すっきりまとめることができます。

01 情報量が多い要素でも すっきりとした印象に

情報量の多いサイトや写真が統一されていない場合でも、グリッドに沿い整列させることで、すっきりとした印象に仕上げ、デザイン全体の統一感を出しやすくすることができます。

02 情報の区切りをつけ整理できる

イメージ写真と商品説明の情報に区切りをつけて整理できるので、読みやすくすっきりとまとめることができます。

03 整然と並べて美しく見せる

写真を多く使う場合、タイルのように整然と写真を並べることで、模様のような美しいレイアウトに仕上げることができます。バナー広告のようなメディアサイズが小さいものでも、文字と写真の情報が整理されて、わかりやすく見せることができます。

01 Webデザイン

02 リーフレットデザイン

03 バナーデザイン

Products

オーソドックスとモダンなデザイン
が融合するプロダクト。個性あふれ
る造形のものから、シンプルながら
も細部にこだわったものまで、永く
お使いいただけるよう、ひとつひと
つ丁寧に仕上げています。

シンプルですっきりとした
書体を選び、整った雰囲気
を出す。

文字の配置においてもグリッ
ドを意識して、テキスト同士
の間隔や位置をそろえる。

数字にあしらいを
施してアクセント
をつけることで、
単調な印象を払
しょくできる。

\ 知りたい！ /

アプリテクニック *for* レイアウト

使用
アプリ **Ai**

TECH 01 距離を指定して
オブジェクトの整列をする

均等に整列させたいオブジェクト
を選択し、[オブジェクト]メニュー
から[変形]→[移動]で移動させる
距離を指定❶して、[コピー]をク
リック❷します。

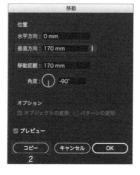

TECH 02 写真を整列する

文字要素と写真を選択して[整列]
パネルの[水平方向中央に整列]❶
で調整します。横位置のオブジェ
クトをそろえたい場合は、[垂直方
向中央に整列]❷で調整します。ア
イテムの大きさがバラバラでも、情
報を整然と見せることができます。

\ 知りたい! /

ワンランクUPなデザインテクニック

整ってすっきり見える反面、 堅苦しく単調になりがち

情報が整理され、整った印象ですっきり見える反面、少し堅く単調に感じることも。

調和をあえて崩すことで 一部のグリッドに変化をつける

グリッドの規則性をずらすことによって、デザインに注目ポイントが生じて、リズムを与えることができます。

▶ ▶ ▶

解決テク❶

あしらいを ポイントで入れる

規則的に並べられたグリッドのレイアウトの中に、ふきだしをあしらい、ひとつだけに違いをつけることにより、流れに変化が生まれます。

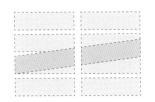

解決テク❷

グリッドに沿って サイズに差をつける

グリッドに沿って配置した写真のサイズに大小をつけると、メリハリが生まれます。より優先順位の高いものを大きくすると、意図が伝わりやすくなります。

解決テク❸

グリッドをもとに レイアウトをずらす

グリッドをベースにしながらもずらしたレイアウトからはリズムが生まれます。あくまでグリッドをもとに要素の配置をずらしているため、整った印象は残っています。

02

要素を集める

ここでは、写真などのメインビジュアルを大きく扱い、文字情報を集めて配置するレイアウトについて解説します。デザインに迫力やメリハリ感、上品さを持たせたいときに重宝する手法です。

ダイナミックな画

大きなビジュアルで目を引くことができるので、訴求力が強まります。

整理されたまとまり

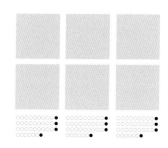

情報を集合させることで空間がすっきりとし、整理された美しいデザインになります。

要素をつなぐ

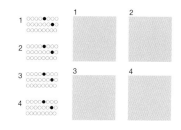

離れている要素を数字やアルファベットなどを使ってリンクさせ、読み手の目線を誘導します。

ブロックを意識する

集合させた要素はブロックを意識して整列させると、美しくまとまります。

POINT
...

- ☑ 写真の裁ち落としや全画面表示と組み合わせて使われる
- ☑ ビジュアルに迫力とメリハリが生まれ、目が向かいやすい
- ☑ 開放感（空間）を設けることで、さらにすっきりとまとまる

• SAMPLE DESIGN •

── Who ──		── What ──		── Case ──
30〜40代女性／品質志向	×	価値の高い商品であることを伝えたい	×	スキンケアブランド

こだわりのある消費者に向けてスキンケア用品を陳列棚に並べたような写真を使い、各商品の存在感を強めています。情報を整理して余白をつくり、字間も広く空けて高級感を感じさせるレイアウトに仕上げています。

01 Webデザイン

01 ウェブデザインでは ユーザビリティに配慮する

写真と文字要素を離して配置したウェブページでは、上下にスクロールして情報を読み取らないといけないため、ユーザーにとって不親切なデザインになります。写真をクリックすると表示されるポップアップウィンドウを活用するなど、動きのあるアイデアを入れることで、写真のすっきりしたデザインを生かしながら、ユーザビリティの高い表現を実現します。

02 余白を広く取り、情報を混雑させない

集合させた文字情報をすっきりと読ませるために、写真をトリミングして余白を広く取り、文字情報と各商品の写真を離して配置します。情報を集めることで、空間を広く見せています。

03 複数の写真を使う場合は 写真のトーンをそろえる

複数の写真と文字情報それぞれの要素を集合させる場合は、写真のトーンをそろえるのがポイントです。チグハグな写真を並べると、乱雑した印象を与えます。

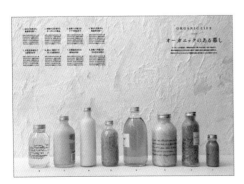

02 リーフレットデザイン

03 DMデザイン

SAMPLE POINT

断ち落とし写真の開放
感に合わせ、見出しと
キャプションとの間の
空きも広く取るように
調整する。

写真とキャプションを関連づ
けるために番号を振る。この
番号により、キャプションが
商品と離れていても、読み手
にストレスを与えずに誘導す
ることができる。

8

\ 知りたい！ /

アプリテクニック for レイアウト

使用
アプリ **Ai**

〈左揃え、5mmアキにする場合〉

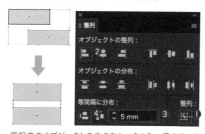

選択中のオブジェクトの中のひとつをもう一度クリック
すると、キーオブジェクトに設定されます。

TECH 01 写真や文字を整列する

▶（選択ツール）で複数のオブジェクトをドラッ
グで選択し、[整列]の[キーオブジェクトに整
列]❶をクリックします。基準にしたいオブジェ
クトをクリックすると囲みの線が太くなります。
[オブジェクトの整列]の[水平方向左に整列]❷
を選択し、ボックスに数値を入力❸します。[垂
直方向等間隔に分布]❹をクリックすると、図の
整列になります。

TECH 02 字間を広めに空け、ゆったりとした印象に

T（テキストツール）でタイトル文字を選
択し、[文字]パネルから[選択した文字のト
ラッキングを設定]で字間を調整します。字
詰めを広く設定すると、ゆったりとした印
象になります。字間を空けたら、行間も広く
とらないと詰まった印象になるので注意し
ましょう。

\ 知りたい！ /

ワンランク**UP**なデザインテクニック

要素を集めるのに適した写真とは

バッグの中身や化粧品に含まれている成分などがひと目でわかるような写真を選ぶと、内容を可視化できます。ポスター、ウェブなどのメインビジュアルなど、ひと目で伝えたいときに効果的です。

バッグの中身を並べ、ひと目で何が入っているかわかります。

化粧品に入っている成分を周りに散らすことで、どんな素材が含まれているかがわかります。

整然と並んだアイテム写真を配置するポイント

グリッドの線をイメージしながら整列させて撮影したり、切り抜き写真を並べたりすると、美しい仕上がりにすることができます。はじめに四角に収めるように角4点を決めて配置してから、埋めるようにアイテムを置いていくとバランスが取りやすくなります。

四角など角のあるもの、丸みのあるものなどをランダムに配置しています。

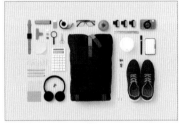

大きいサイズのものから配置を決め、小物で隙間を埋めて配置していきます。

 **乱雑な配置では
情報が伝わらない**

乱雑に配置されたアイテム写真は、文字要素を分けて配置してしまうと読みづらく情報が伝わりにくくなります。

シンメトリーで安定感を出す

要素に規則性が生まれ、安定感と美しさを感じさせるシンメトリーの構図は、レイアウトによく用いられる手法のひとつです。部分的に構造を崩すテクニックと組み合わせることで、落ち着きを残しつつ動きのあるレイアウトになります。

線対称

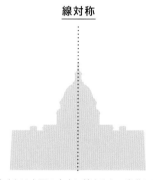

左右または上下の中央に線を入れ、半分に折るとぴったり重なる構図です。

点対称

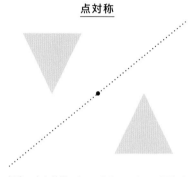

任意の点を基準にして、ビジュアルを180°回転させた構図です。

平行移動

オブジェクトを平行に並べた構図も、対称性と安定感を表す見せ方です。

変化をつける

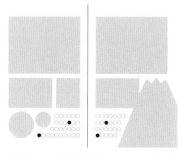

シンメトリーの一部に変化を加えることで、単調な印象を緩和し、デザインに動きが生まれます。

POINT
...

- ☑ 規則性が生まれ、美しく整った印象を与えるレイアウト
- ☑ 落ち着きや安定感、誠実さの演出に用いられる
- ☑ 一部に動きを加えることで、飽きさせないデザインにも

• SAMPLE DESIGN •

Who	What	Case
20〜50代男女	集客につなげたい	展覧会告知

シンメトリーレイアウトは、丸や四角などの単純な形状より建築物や銅像など、人工物を被写体とした写真で効果を発揮します。線対称で配置した建築物の写真に合わせて構成をシンメトリーにすることで、シンプルながらもメッセージ性の強いデザインになります。

01 ボリュームのあるコンテンツは一部に変化をつける

シンメトリー構図のレイアウトを意識して、コンテンツ部分を中央揃えにすると全体に統一感が生まれます。すべてのコンテンツをシンメトリーにしてしまうと、単調な印象になってしまうので、一部をアシンメトリーにするなどレイアウトに変化を加えれば、メリハリのあるデザインに仕上がります。

02 文字要素も線対象を意識して整わせる

シンメトリーの写真に合わせて大きく配置したタイトルで注目を集め、展示会の雰囲気を魅力的に伝えています。

03 帯を入れて情報を整理する

帯などの背景を加えることで小さなスペースでも情報をまとめるのに適したレイアウトに。ビジュアルを中心にシンメトリーに配置することで、情報が整理されてすっきりしたデザインになります。

01 Webデザイン

02 フライヤーデザイン

03 バナーデザイン

SAMPLE POINT

背景の写真に溶け込まないカラーを選ぶと文字の視認性が上がり、目を引くビジュアルになる。

写真に合わせて、テキストもシンメトリーにして配置する。

\ 知りたい！ /

アプリテクニック for レイアウト

使用
アプリ Ai

-30mm : 30mm

TECH 01 [移動]を使って 正確なシンメトリーにする

文字をいったんセンターのガイドに合わせて配置し、[オブジェクト]メニューから[変形]→[移動]→[水平方向]に数値を入力し移動します。ー（マイナス）値を入力することで、反対方向にも同じ距離だけ移動させることができます。

\知りたい!/
ワンランクUPなデザインテクニック

要素の配置の重心によって印象が変わる

シンメトリーレイアウトには規則性を感じるため、安定感やかっちりとした印象を与える反面、少し単調な印象になることも。写真などのビジュアルに合わせて、レイアウトの重心を意識すると印象が変わり、バランスのとれたデザインになります。

中央に重心がある
レイアウト

クラシカルで落ち着いた印象を受けます。余白を広く取ることで、シンメトリーの美しさを強調します。

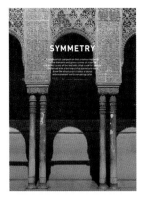

上に重心がある
レイアウト

上に重心があるレイアウトは、不安定さが少し加わり、静的な印象が和らぎます。

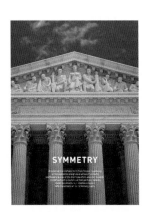

下に重心がある
レイアウト

下に重心があるレイアウトは、より安定感を強調します。伝統的な印象にアプローチしたいときに効果的です。

04

法則

対比して印象を強める

並列に配置された要素は、読み手によって無意識に比較されます。異なる2つの要素の
"違い"を強める効果は、要素の内容を対比させるばかりでなく、サイズや色、形などのイ
メージの演出にも活用できます。

サイズを対比させる

大きさの異なるビジュアルを対比させることで、
サイズの違いがより強調されます。

内容を対比させる

「赤ちゃんとお年寄り」などの内容の対比も、
メッセージ性を強める大事な要素になります。

時間の経過を感じさせる

「夏から冬へ」というような、時間の経過を感じ
させる要素の並列も対比の一種です。

「引き」と「寄り」の配置

空間を意識させる「引き」と、被写体に焦点をあてる
「寄り」を並べることで物語を生み出せます。

POINT
・・・

☑ 要素の違いを明確にしたいときに効果的

☑ 並列に配置することで、色やサイズの差異も演出できる

☑ 要素間にメッセージ性やストーリー性を持たせることも可能

• SAMPLE DESIGN •

┌─ **Who** ─┐   ┌─ **What** ─┐   ┌─ **Case** ─┐
│ 40〜50代男性 │   ✕   │ 施設の魅力を伝えたい │   ✕   │ 宿泊施設 │
└───────┘   └──────────┘   └──────┘

ビジュアルやコンテンツを対比させることで、それぞれの要素の印象を強めることができます。

01 　内容を比較して情報を伝えられる

1つのサービスをクローズアップするより2つを並べて比較させることで訴求力が高まり、ユーザーにより刺さるデザインを提案できます。

02 　ドラマチックに演出する

人物の表情（寄り）と広大な自然（引き）を上下に配置。対比させることで、キャッチコピーの印象を強めドラマチックに見せています。

03 　シーンを対比する

2組の人物を並べ、それぞれのスタイルやシーンを対比させています。世代やライフスタイルが異なるターゲットにも印象に残るような演出ができます。

<u>01</u> 　Webデザイン

<u>02</u> 　ポスターデザイン

<u>03</u> 　バナーデザイン

「寄り」と「引き」で差をつけ
たトリミング写真を並べる
ことで、対比効果がより強
調される。

テキストを上下2枚の写真の
両方にまたがるように配置し
て、写真が発するメッセージ
性を強める。

\ 知りたい！ /

アプリテクニック *for* レイアウト

使用
アプリ **Ai**

TECH
01 ［光彩］で文字を読みやすくする

文字が写真になじんで読みづらい場合は、［光彩］効果
をかけることで可読性を上げることができます。効果を
かけたい文字を選択し、［効果］メニューから［スタイラ
イズ］→［光彩（外側）］で文字の周囲に効果をつけます。

光彩 (外側)

描画モード: 通常 ∨ ☐

不透明度: ○ 100%

ぼかし: ○ 0.3 mm

☑ プレビュー　（キャンセル）（ OK ）

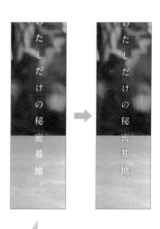

写真に文字を載せるデザインで
は、写真の雰囲気を壊さずに可読
性を高めることができます。

\ 知りたい！/
ワンランクUPなデザインテクニック

効果的なトリミング

画像をどのようにトリミングするかによって、対比効果の強弱は変化します。同じような構図の写真を2枚並べると印象が近くなり対比効果は弱まります。画像のトリミングに差をつけることで、写真の印象が変わり対比効果も強くなります。

両方とも引きのトリミング

引きの写真では、人物の表情や様子などを読み取るのが難しい。

両方とも寄りのトリミング

下の写真は、広大な景観ということを伝えにくい。

トリミングの使い分け

左の写真は、『寄り』にして迫力を出すことにより、料理メニューが美味しそうに見える効果があります。逆に右の写真は、『引き』にしてお店の空気感も届けています。何を伝えたいかというポイントを意識しながらトリミングするとよいでしょう。

05 分割して対比効果を高める

要素をブロック化し、デザインを分割すると、対比効果が生まれ強調することができます。分割したそれぞれの内容が無関連に見えないように色やデザインの統一性をもたせることで、情報の感度がより高まります。

二分割

大きな分割はデザインにインパクトを与えます。広告やサイトのトップページなどに効果的です。

多分割

要素が多くなっても、分割でメリハリをつけることで整理された印象になります。

情報をまとめる

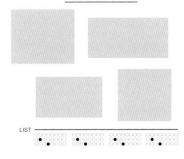

たとえばビジュアルとスペックを分けることで、それぞれの情報を際立たせて伝えられます。

つながりを演出する

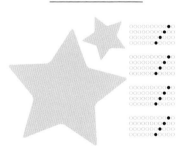

ブロックを完全に分断せず、両方にまたがる要素を用いてデザインにまとまり感を出します。

POINT
...

- ☑ ブロック分けすることで、要素の対比が強調される
- ☑ ベーシックな情報整理のレイアウトなので認識されやすい
- ☑ まとまり感がないと、各要素が単独の情報に見えてしまう

• SAMPLE DESIGN •

Who		What		Case
20〜40代男女	×	新商品を広く知ってほしい	×	カフェの新メニュー

情報を左右のブロックに分ける手法で、内容を整理し、伝わりやすいデザインにしています。2種類の商品を対比しテイストの違いを強調しています。

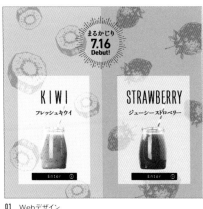

01　Webデザイン

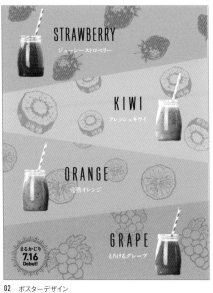

02　ポスターデザイン

01　異なるコンテンツを並べる

ファーストビューで二分割にし、入り口を2つ設けます。それぞれ違うコンテンツであることが明確になり、各々へ誘導することができます。また、詳細を見せないことで両方とも見てみたくなる効果が生まれます。

02　複数のアイテムを
ブロックで分けて対比する

複数のアイテムを均等に分割したブロックに配置することで、味の違いを対比して見せています。それぞれを同じテイストやトーンでそろえることで統一感が生まれます。

03　2つのブロックをつなぐ
要素を加える

背景を左右のブロックで区切って対比させながらも、中央に切り抜き写真を重ねるように配置すると、一体感が生じます。同じシリーズの商品、同時発売という情報を強調しています。

03　バナーデザイン

バラバラの印象にならないように、背景色のトーンの統一感を意識。

フレッシュ
キウイ

まるかじり
7.16
Debut!

ジューシー
ストロベリー

内容を並列して見せたい場合、どちらかに注目が偏らないよう、写真と文字要素は同じくらいのサイズになるよう調整。

キャッチコピーをどちらの写真にもかかるように、センターに配置。

───── \ 知りたい！ /

アプリテクニック *for* レイアウト

使用
アプリ

TECH

01 分割のガイド線を表示する

[表示]メニューから[ガイド]→[新規ガイド
レイアウトを作成]で二分割のガイドを設定
します。[列]と[行]の数をそれぞれ「2」に指定
します❶。

\\ 知りたい！/

ワンランクUPなデザインテクニック

デザイン設計で活きる色の選び方

ブロック分けしたレイアウトでは対比効果が生まれて内容が強調されますが、配色によってより対比効果を高めることができます。たとえば『反対色』のような色相のコントラストが強い色を使うことで、分割で生じた差異をより演出できます。

反対色

反対色とは

色相環の正反対の色の隣近辺の色を「反対色」といいます。コントラストが強くお互いの色を引き立て合う効果があります。

反対色では、コントラストが強くどちらも主張している。

色の差があまりないため、対比効果が弱まる。

彩度がそろっていない配色は統一感がとれない。

色の明度が違うと濃いほうばかりが目立ってしまう。

 配色の注意点

反対色を使う場合は、色数を増やさないように気をつけます。反対色は、目がチカチカするような刺激が強く、色数を増やすと強調したいポイントがわかりにくくなってしまいます。

法則

ビジュアルの中央配置で迫力を出す

写真などのビジュアル要素を中央に配置して、読み手の視線を一瞬で誘導することが
できる、インパクトのあるレイアウト。ビジュアルを引き立たせる配色でデザインすることで、
よりまとまりのある印象になります。

上下中央に配置

横長の媒体に使用すると、左右に広がりを感じさ
せ、より迫力を与えることができます。

左右中央に配置

中央に配置することで、天地に広がりを感じさせ、
高さを強調することができます。

流れに合わせた配置

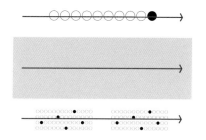

中央の写真が生む流れに合わせて文字の配置
を工夫し、読みやすさを向上させましょう。

抜け感を意識する

配置する写真の抜け感を意識して配置するこ
とで、奥行きを演出できます。

POINT
...

☑ 写真の迫力や存在感が強まり、印象的に感じられる
☑ 中央に配置することで、ビジュアルに目が留まりやすい
☑ 空間に奥行きや広がりを感じさせることができる

• SAMPLE DESIGN •

── Who ──		── What ──		── Case ──
50〜60代男女	×	観光地の魅力を伝えたい	×	トラベル情報の特集

左右、または上下に広がりを感じさせ、写真により迫力を与えることができます。奥行きを感じさせることで読み手の興味を惹き込むことができます。

02 雑誌デザイン

01 Webデザイン

01 立体感や奥行きを演出して興味を惹きつける

スクロールの動作に応じて、複数のレイヤーにある要素を異なるスピードで動かし、立体感や奥行きを演出する『パララックス』という視差効果があります。ここでは、キービジュアルを固定し、背景とコンテンツが異なるスピードでスクロールする演出、異なるビジュアルに切り替わるような設定がされています。印象的な写真の余韻を残しながら、奥行きを感じさせ、ユーザーが引き込まれるような仕掛けをつくっています。

02 水平線がどこまでも広がる広大さを演出

被写体のモン・サン＝ミシェルを大胆に中央に配置して、水平線の広がりを感じさせ、ビジュアルの存在感を強調しています。上下に黒地の帯を敷くことでページ全体の高貴な雰囲気が高まり、デザインを引き締めています。

冊子の折り目(ノド)に見せたい
ポイントが食い込まないように
注意してトリミング。

横位置写真に合わせて、タ
イトルも横組みにし、流れ
を合わせて配置。

水平線がどこまでも
続くイメージを強調
したいため、写真が
水平になっているこ
とに注意する。

黒地を敷き、写真とのコントラスト
を強めることで上品な仕上がりに。

＼ 知りたい！／

アプリテクニック *for* レイアウト

使用
アプリ

TECH

01 見せ方を計画する

メインビジュアルである写真を活かす
構図を検討します。上下中央の場合、オ
ブジェクトを選択し、[**整列**]パネル→
[**整列**]の[**アートボードに整列**]❶をク
リックし、[**オブジェクトの整列**]の[**垂
直方向中央に整列**]❷で配置します。

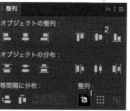

知りたい！ ワンランクUPなデザインテクニック

写真の余白を利用したトリミング

横に広がるレイアウト効果を利用して写真をより魅力的に見せるトリミングにしましょう。ここでは、あえて被写体を中央ではなく左に寄せることで空の広がりを見せ、ダイナミックな画にしています。画面の2/3に被写体を収め、1/3の余白を残すようにトリミングを意識すると、バランスのとれた美しいレイアウトになります。

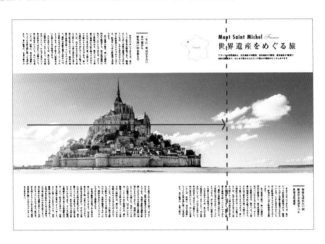

背景カラーでイメージを変える

背景色を変化させると、コンテンツに異なるイメージを与えることができます。

シンプルで明るく、さわやかな印象を与えます。写真そのものの色が映えます。

ナチュラルな雰囲気になり、カジュアル感が増した印象になります。

デザインで使用する複数の要素を規則的な繰り返しで配置することで、デザインにリズム感を持たせます。繰り返しから生まれる秩序やルールが、安定感や全体のまとまりを感じさせる効果につながります。

同じ要素の反復

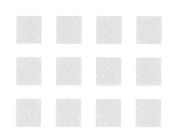

全体がひとつにまとまり、内容が整理されて伝わりやすくなります。

規則的な反復

変化に一定の規則性を持たせて反復させると、リズムが生まれます。

あしらいを反復させる

要素自体に統一性がなくても、あしらいをそろえて反復させることで共通性が生まれます。

色を変えて反復

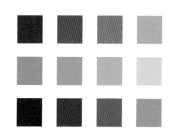

たくさんの色を反復させると、バリエーションの豊かさや、にぎやかな様子を演出できます。

POINT
...

- ☑ 全体に統一性、共通性が保たれる
- ☑ 繰り返すことでリズムが生じる
- ☑ 規則性を設けることで、情報を読み取りやすくする

• SAMPLE DESIGN •

── Who ──		── What ──		── Case ──
20〜30代女性	✕	たくさん売れていることを伝えたい	✕	化粧品の広告

化粧品の画像を規則的に反復させ、たくさん売れている人気商品であることを視覚的に伝えています。同じ要素を繰り返すことで紙面や画面にまとまりが生まれ、乱雑に配置されているよりも美しく見えます。

01　カタログの表紙デザイン

01　たくさん並べると存在感が強まる

同じ商品の画像をずらりと並べ、数多く出荷されているイメージのビジュアルを演出しています。繰り返し並べることにより、存在感を強く印象付けられます。

02　ラインナップも一目瞭然に

商品のラインナップを伝える場合、反復の配置で種類豊富に見せられます。購入者の選ぶ楽しさが広がり、購買意欲につながります。

03　動きや変化を加えて単調さを回避

整列による単調さを回避するため、斜めに並べた画像と文字要素で画面に動きをつけています。また、多数の中に一つだけ違うものがあると、自然とそこに注目が集まります。

02　Webデザイン（SP）

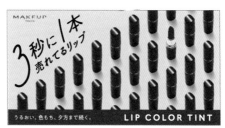

03　バナーデザイン

文字を斜めに配置して
動きをつけ、キャッチコ
ピーに注目を集める。

同じ画像をたくさん並
べることで商品のイン
パクトを強める。

同じ画像の反復は単調
な印象になりやすいた
め、アクセントとなる
画像を配置する。

\ 知りたい！/

アプリテクニック *for* レイアウト

使用
アプリ **Ai**

TECH
01 [移動]と[変形の繰り返し]で均一に並べる

オブジェクトを選択し、**[オブジェクト]メニュー**から**[変形]→[移動]**に数値を入力❶して、**[コピー]**❷をク
リックします。コピーされたオブジェクトを選択したまま、同じく**[変形]**の**[変形の繰り返し]**で同じ距離だ
け移動したオブジェクトがコピーされます。**[変形の繰り返し]**はキーボードの⌘(Ctrl)＋Dでも行えます。

\知りたい！/
ワンランクUPなデザインテクニック

メリハリとバランスのとり方

反復に変化をつけるため、異なる要素を加え一部を崩すことで、デザインのアクセントとなり飽きさせないデザインになります。アクセントを増やしすぎると散漫になるので、数を絞ることが大切です。繰り返しのルールから明確な差別化をはかると効果的です（P.168参照）。

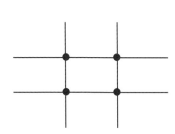

解決テク❶

『三分割法』を意識してみる

配置に悩んでしまったら、写真撮影の構図『三分割法』を参考にしてみましょう。『三分割』とは、縦横3分割した線の交点に、被写体を合わせる技法です。被写体の比率を2：1にすると、写真に安定感が生まれ、バランス良く仕上がります。

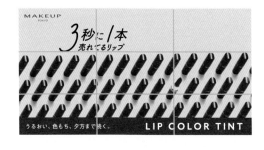

アクセントとなる画像の位置を決める

『三分割法』で縦横3分割した線の交点の位置に、アクセントとなる画像を配置します。

▼ ▼ ▼

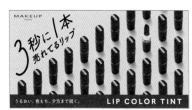

タイトルとアクセントとの距離のバランスを保ったまま、トリミングを調整します。

「売れている」ということをアピールしたいデザインですが、横一直線に並べただけでは勢いが弱く感じるため、ビジュアルを35度傾けました。

法則

逆三角形で緊張感を出す

不安定なレイアウトである逆三角形の構図には、落ち着いたデザインにはない緊張感が生まれます。余白による開放感も加わり、情報の受け手の意識を惹きつけるデザインになります。

逆三角形の構図

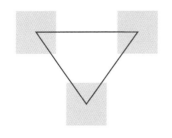

逆三角形の構図にはほどよい緊張感が生まれ、躍動感のあるレイアウトになります。

構図を回転させる

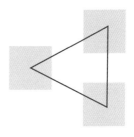

90°回転させても、逆三角形の構図と同じ効果が得られます。

要素の比重を変える

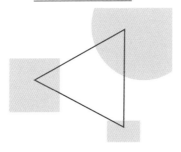

下部の比重を重くすると安定感が増し、上部の比重を重くすると緊張感が高まります。

要素を回転させる

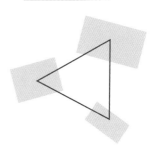

可読性を意識しながら要素に動きを加えると、より不安定さが増し注目を集めるデザインに。

POINT
...

- ☑ 逆三角形の構図が緊張感を生み出す
- ☑ 上下の比重の変化で流れをつくり、視線を誘導する
- ☑ 余白がつくられ抜け感が生じるため、注目を集めやすい

• SAMPLE DESIGN •

Who		What		Case
20〜40代男性	×	観戦者を増やしたい	×	スポーツイベント

逆三角形の頂点に配置したビジュアルには不安定さがあり、上手に使うことで情報をリズムよく伝えられます。浮遊感が出てて、躍動するさまを表現したいデザインに効果的です。要素に傾きを加えることでより動きのあるデザインに仕上げています。

01　ポスターデザイン

01　緊張感が躍動感を演出する

スポーツの動きのあるビジュアルに合わせて、三角形を意識して配置するとボールの軽快な動きを感じられるデザインに仕上がります。

02　リズムよく視線を誘導する

長いコンテンツをスクロールさせるウェブページのレイアウトでは、ユーザーを飽きさせない工夫が必要です。二角形を結ぶようにボールを配置し、リズムよく視線を誘導できます。

03　行動を喚起する導線を設計できる

「詳しくはこちら」のCTAボタンへ最終的に誘導する目的であるバナーデザインでは、タイトルと見出しのテキスト要素、写真とボタンの位置を三角形に配置することで、リズミカルに視線を誘導します。

02　Webデザイン

03　バナーデザイン

逆三角形の構図を生かしつつ、余白を多めにとって抜け感をつくる配置にする。ひとつの要素のイメージが散漫なものになると三角形の頂点として認識しづらくなってしまうので、要素を固めることを意識しながら個々の余白を調整する。

構図を意識しながら、文字を配置する。ここでは「ビジュアル」→「イベント名」の流れで興味を持たせる配置にしている。

＼ 知りたい！／

アプリテクニック *for* レイアウト

使用
アプリ **Ps**

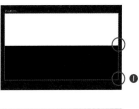

TECH
01　斜めにして躍動感を出す

描いた長方形のレイヤーを選択した状態で、▷（**パス選択ツール**）で片側の2つの角を選択します❶。Shift キーを押しながら上下にスライドすると、傾斜のついた長方形がつくれます。ウェブサイトの背景などに使うと躍動感が生まれます。

\知りたい！/
ワンランクUPなデザインテクニック

緩急をつけた緊張感を

ほどよい緊張感は注目を集めるのに効果的ですが、連続して仕掛けすぎると目の動きが増え、情報の受け手にストレスを与えてしまいます。緩急をつけてバランスをとることで、緊張の効果はより高まります。主役を決めてアクセントを絞ることで、視線の動きをコントールできます。

重心の位置で印象が変わる

逆三角形の構図は躍動感を感じさせることができますが、それに対して二等辺三角形の構図は、下に重心があるために安定感が出ます。躍動感が弱まり、落ち着いた印象になります。

動きがある写真に反して、落ち着いて勢いが足りないデザインの印象を受けます。

法則
時系列に並べて誘導する

時間軸が存在する要素を扱う場合は、時系列に沿ったレイアウトを活用します。導線を設計して要素の関係性やストーリーを明確にすると、より親切で情報を受け取りやすいデザインになります。

規則的に並べる

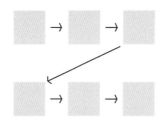

目線の流れに沿って時系列に並べることで、順序よく内容を伝えることが可能です。

導線で流れをつくる

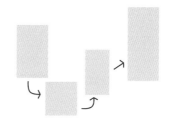

要素のサイズや配置に規則性がなくても、導線をつくると流れがわかりやすくなります。

アイキャッチをつくる

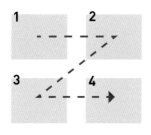

数字などのアイキャッチを用い注目を集めると、要素の順序を強調できます。

流れが複雑　⊗

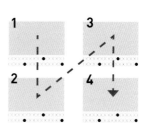

横組みは左から右に、縦組みは右から左に。流れを無視した配置は混乱を招きます。

POINT
...

- ☑ 時間の流れを可視化して、視線を誘導できる
- ☑ 時間が整理されるので、より細かな情報の伝達に効果的
- ☑ 時間の経過がひと目でわかりやすい

• SAMPLE DESIGN •

┌─── **Who** ───┐   ┌─── **What** ───┐   ┌─── **Case** ───┐
20代女性   ✕   コースタイムと合わせて旅を提案したい   ✕   観光の企画

横組みの流れに沿って左から右へ時系列に配置します。要素を罫線でつなぐことで、無理なく目線を誘導しています。「次はどこかな？」と散歩をイメージできるように関心を抱かせることができるレイアウトです。

01　Webデザイン

02　Webデザイン

03　雑誌デザイン

01 メリハリをつけて 飽きさせない工夫を

スクロールして下にダラダラと続いてしまうレイアウトでは、ユーザーを飽きさせてしまいます。規則的に繰り返し配置していくのではなく、写真のサイズに大小のメリハリをつけたり、イラストをあしらったりといった動きをつけるとよいでしょう。

02 上下の時系列レイアウトも ストーリーがわかりやすい

要素を罫線でつなぎリズミカルに配置したレイアウトだけではなく、縦方向で時系列に見せるレイアウトもストーリーをわかりやすく表現できます。

03 流れを意識して配置する

ページの開き方によって、目線の流れを意識した構成を検討します。目で追いやすいレイアウトを心がけることで、読み手に親切なデザインになります。

時間のアイコンをつけることで経過を示すとともに、アクセントカラーで目線の流れを一時停止させる役割を果たす。

横組みの場合、左上から右下へZ型の流れで読ませていくとスムーズに。

要素を罫線でつなぐことで導線となり、流れを可視化することができる。

\ 知りたい！ /

アプリテクニック *for* レイアウト

使用
アプリ **Ai**

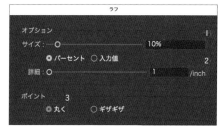

TECH
01 **手描きのような円を描く**

◯（楕円形ツール）で描いた円に、[効果]メニューから[パスの変形]→[ラフ]をかけます。[サイズ]❶で効果の大きさ、[詳細]❷で効果の数を調整できます。[サイズ]を小さめ、[詳細]を多めに設定して[ポイント]を[丸く]❸にすると、やわらかな手描き風のラインになります。

ワンランクUPなデザインテクニック

\知りたい!/

流れに沿った構成を組み立てる

目線は横組みの場合には左上から右下に、縦組みの場合には右上から左下に移動していきます。この基本的な流れに意図なく逆行したり迷わせたりする配置や文字組みは、読み手を混乱させ情報を伝わりにくくしてしまうので注意しましょう。

横組み
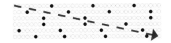

縦組み

効果的な導線設計を行う

「罫線を使って直接的に要素を結ぶ ⓐ」「余白を活用して間接的に要素の関係性を示す ⓑ」といったような方法を効果的に利用し、読み手の目線をスムーズに誘導できるレイアウトを心がけましょう。

罫線で結んで目線を誘導しています。

同じ属性の要素を近づけ、弱いものは離します。

左のレイアウトは、写真と文字情報の間隔が離れていて、関係性が直感ではわかりにくくなっています。右のレイアウトのように、関係性のある要素同士を近づけましょう。

10

引き出し線でアクセントをつける

引き出し線を使うと情報同士の結び付きが強まり、ひと目で関係性がわかるデザインになります。また、読み手に伝えたい内容をクローズアップしたいときにも有効です。

内容に合わせたデザイン

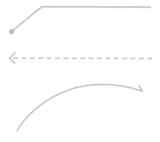

つながりが目に見えてわかるため、情報が伝わりやすくなります。

複数の情報を整理

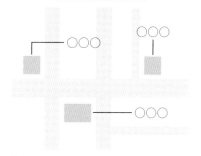

地図などランダムな位置に複数の情報が点在する場合も引き出し線で整理できます。

拡大して見せる

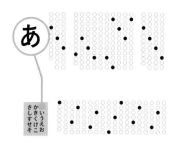

細かい部分を拡大したビジュアルへつなぐことで、ホスピタリティの高いデザインになります。

位置や方向がバラバラ

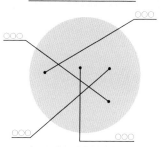

線でつなぐ情報の位置関係や線の方向に規則性がないと、混乱させてしまいます。

POINT
...

- ☑ 要素同士をリンクすることで情報の関係性が一目瞭然に
- ☑ アクセントになり、動きもつけられる
- ☑ ビジュアルの邪魔にならないよう、線の太さや形に配慮する

• SAMPLE DESIGN •

Who		What		Case
40代女性	×	商品のアピールポイントを伝えたい	×	ファッションブランド

引き出し線を用いることで自然と読み手の目に留まり、短い時間で内容を把握してもらえます。少ない情報量でもセールスポイントが明確に伝わり、長い文章説明よりもわかりやすくアピールできます。

01 ECサイトデザイン

01 商品情報をひと目で伝える

品質や特徴を重視するユーザーへ向けて、帽子のパーツと解説キャプションを引き出し線でつなぎ、商品情報を伝えています。商品のイメージに合った引き出し線を選び、まとまった印象にします。

02 ポイントごとの説明が明確にできる

テクニックなどの説明をする場合も引き出し線は効果的です。文字と画像がつながっていると、説明の該当部分がひと目でわかります。

03 画像内に番号をつけて 説明文をリンクさせる

画像上に説明文を載せるスペースがない場合、番号などを振って欄外で説明する方法もあります。引き出し線が商品にかぶらないよう注意します。

02 店頭リーフレットのデザイン

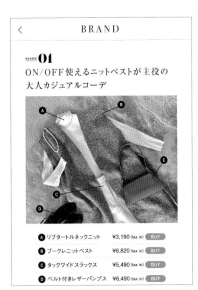

03 アプリコンテンツデザイン

PART **3**

レイアウトのアイデア

法則

小見出しの書体を引き
出し線のデザインに合
わせる。一部をあしら
いとして手書き風の書
体に変えることで、遊
び心が加わる。

文字をひとつのブロッ
クと考え、まわりに余
白を空けてバランスよ
く配置する。

決まった角度や法則
を設けて配置すること
で、統一感が生じ見栄
えがよくなる。

\ 知りたい！ /

アプリテクニック *for* レイアウト

使用
アプリ **Ai**

TECH
01 引き出し線を手描き風にする

🖊(ペンツール)を使って矢印の線を
描きます。線を選択し、[**線**]パネル
で太さを調節します**❶**。細めに設定
すると、やわらかい印象になります。
[**オブジェクト**]メニュー→[**分割・拡
張**]**❷**で線をアウトライン化します。
続いて[**効果**]メニューから[**パスの
変形**]→[**ラフ**]をかけます**❸**(P.120
「手描きのような円を描く」参照)。

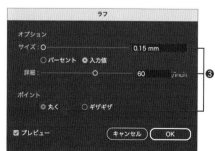

\知りたい！/
ワンランクUPなデザインテクニック

あしらいの入れ方に法則性をつくる

引き出し線のようなあしらいには、決まった角度、色や形状など法則を設けて配置しましょう。引き出し線の入れ方やあしらいに統一感がないと、整った印象が失われデザインのアクセントとしての効果が薄れてしまいます。

Point

デザインはそろえる

矢印の形状が違うと、デザイン全体の印象に影響してきます。ここでは、3つの商品ポイントを説明しているので、同じデザインにすることで、ひと目で関係性がわかるデザインになります。

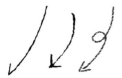

雰囲気が似ていても、複数の異なる表現を使うと、読み手に混乱を与えます。

✕ 細部の少しの違いで印象は変わる

角度に統一感がなかったり、矢印の形状が異なると、違和感などマイナスの印象を与えます。

内容の関係性を変えたい場合には…

くるりと曲げた矢印は細部をクローズアップするなど、他の引き出し線と役割が違うことがひと目で伝えられます。

11

目的に合わせて文字を組む

内容や文中で使用する文字に合わせて文字組みを設定すると、読み手に親切なデザインになります。縦と横それぞれの文字組みが与える印象やターゲットの嗜好を理解し、適した文字組みを選びましょう。

横組み

横組みの流れ

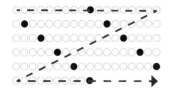

横組みの媒体では、左上から右下に向かって目線が動きます。

縦組み

縦組みの流れ

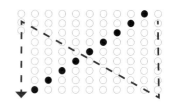

縦組みの媒体では、右上から左下に向かって目線が動きます。

左開き

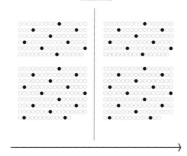

左開きの紙媒体や上下にスクロールするウェブ媒体に多く、現代的な印象を与えます。

右開き

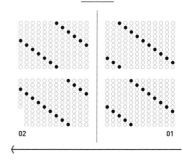

右開きの紙媒体と相性がよく、日本古来の文字組みのためトラディショナルな印象も与えます。

POINT
・・・

☑ 文字組みによる目線の流れに合わせたデザインに

☑ それぞれの文字組みが与えるイメージを利用する

☑ 相性のよい媒体やターゲットに合わせて文字組みを選ぶ

媒体の傾向

世の中に存在するさまざまな媒体の文字組みは、明確な意図によって選ばれています。内容に合わせてどのような文字組みが使われているかを研究し意図を理解することで、デザインに採用する文字組みのヒントが得られます。

横組みをよく使う媒体

fontと文字

1,234円

H_2O

・外国語、数学の教科書
・プログラミングなどの技術書

英語やアラビア数字が混在してもストレスなく読み進められる横組みは、外国語や数式を取り扱った媒体のほか、英字の専門用語を多く含む専門書でもよく見られる文字組みです。目線は上下より左右の動きを得意とするため、左から右へと横方向に目線を誘導する横組みは、一般的に読みやすくなじみやすい文字組みです。

縦組みをよく使う媒体

あかさたな
アカサタナ
阿加差多名

・新聞や国語の教科書
・文芸書籍

縦組みは、新聞など文字中心の媒体によく使用されます。漢字・ひらがな・カタカナは、もともとの成り立ちから縦に流れる形が多いため、長文になる(文字の形がデザインの中に増える)ほど、縦組みのほうが読みやすく感じられます。アクセントとして一部に取り入れることで、デザインに「和」のイメージを与えることもできます。

ターゲットの傾向

年代によっても、読みやすいと感じる文字組みに違いがあります。以下で解説する内容はあくまでも傾向ですが、年代をふまえて文字組みを検討することは実際に行われています。

横組み を好む ← → 縦組み を好む

若年層 / 高齢者層

若年層
パソコンやスマートフォンなど、縦方向にスクロールして読むことに慣れている若い世代は、横組みになじみやすい傾向があります。

高齢者層
新聞や書籍などに多く触れてきている高齢者層は、縦組みに読みやすさを感じる傾向があります。

Who		What		Case
20〜40代男女	×	購買意欲を高めたい	×	ロードバイクメーカー

目線方向と自転車の向きをそろえ視線の流れを誘導しています。文字揃えに変化をつけて全体のバランスを整えつつ情報を整理することで、購入意識を高められます。

01 Webデザイン

01 横組みでスピード感を出す

縦にスクロールするウェブの場合は、左上から右下へと読み手の目線が動くため、横組みで全体の構成をまとめます。左から右へと進む読み手の目線方向と自転車の向きをそろえることで、スピード感をイメージさせます。

02 自然な流れで誘導する

お問い合わせや商品購入などユーザーに行動を起こさせるために必要なCTAボタン。左上から右下へと読み手の目線を誘導できるように、横組みが効果的です。

03 欧文をアクセントデザインで入れる

バナーが縦に3つ並んだようなデザインは、左から右へ横に視線が流れるため、同じ流れである横組みがスマートです。欧文の見出しをアクセントに大きく入れることで、自然と横組みで読む流れに誘導できます。

02 バナーデザイン

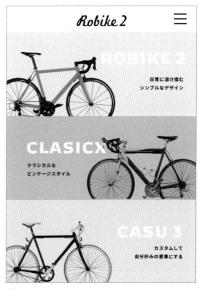

03 Webデザイン（SP）

• SAMPLE DESIGN •

── Who ──		── What ──		── Case ──
30〜60代男性	×	イベントの雰囲気と内容を伝えたい	×	展覧会の案内

縦組みの印象を利用して展示内容の歴史を感じさせるような雰囲気に仕立て、読み手の興味を惹きつけます。日本で歴史ある縦組みは伝統的なイメージを与えますが、使い方によってはアイキャッチとなります。

01　フライヤーのデザイン

01　大胆な配置でインパクトを出す

はみ出るほどの大きさでメイン画像を配置したインパクトのあるビジュアルは、展覧会の内容を強く印象づけられます。また写真を縦向きに配置することで、縦組みの流れを強調しています。

02　モダンな印象を与える

一部の縦組み文字はモダンな印象を与えることもできます。文字の下に敷いた帯が情報のブロックを明確にし、横組みが混在していても読みやすくなります。

03　縦組み文字のアイキャッチ効果

和のイメージがある縦組みですが、ピンポイントで使うことでアイキャッチになったり、文字を強調させる効果があります。

02　バナーデザイン

03　Webデザイン

横組みのポイント

改行

行が長すぎると視線の先が不安定になり、読み手は疲れてしまいます。改行を上手に使い、読みやすいレイアウトを心がけましょう。キャッチコピーやリードなどの短い文章においても、改行する位置によって与える印象に変化を加えることができます。文章の意味を考え、単語や内容の途中で区切らないような改行をすることで、スムーズに内容を伝えます。

このリンゴ
はとても美
味しいと彼
は言った。

このリンゴは
とても美味しいと
彼は言った。

行揃え

文字組みの印象を変えたい場合には、行揃えを効果的に使用します。行の先頭でそろえる「行頭揃え」が一般的な文字揃えですが、そのほかに行の中央をそろえる「中央揃え」、行の終わりをそろえる「行末揃え」があります。中央に軸のある「中央揃え」はバランスのとれた印象を与え、「行末揃え」はアクセントを加えたいときに有効です。改行を使い1行を読みやすい長さに調節して、より効果を高めましょう。

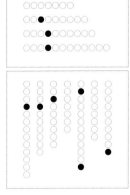

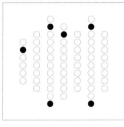

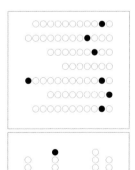

〈 行 頭 揃 え 〉　　　〈 中 央 揃 え 〉　　　〈 行 末 揃 え 〉

句読点

読点＋句点

10月1日は、
designの日です。

コンマ＋句点

10月1日は,
designの日です。

コンマ＋ピリオド

10月1日は,
designの日です.

欧文が混在しても違和感なく読むことができる横組みでは、句読点にコンマやピリオドを用いることも可能です。それぞれを組み合わせて使用できるため、内容に合わせて適した句読点を選択しましょう。

段組み

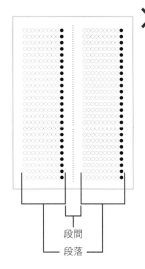

段間
段落

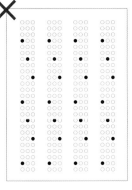

行長があまりに短い段落はかえって読みづらくなるため、バランスのよい1行の文字数と段組み数を設定します。

情報量が多い媒体には、段組みを使用しましょう。段組みにすることで行の長さを短くできるため、読みやすさが向上します。段落と段落の間に「段間」と呼ばれるスペースをつくり、文章のブロックを明確にします。およそ本文の2〜3字程度の段間が適切です。段間が狭いと区別がつきづらく、離れ過ぎていてもつながりが不明瞭になるため注意が必要です。

罫線を使う

罫線で全体の流れや情報のブロックを明確にし、読み手に伝わりやすいレイアウトをつくります。

流れの明確化

罫線を入れて全体の縦の流れを明確にします。罫線は、読み手の視線をガイドする役目も果たします。太さを調整したり、一部を裁ち切り風に配置することで、動きのあるデザインになります。

まとまりすぎていて単調な印象を与え、情報の重要度が伝わりにくくなっています。

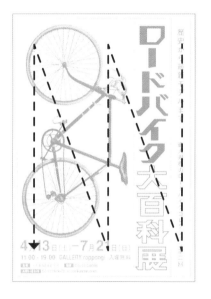

ブロックで区切る

ブロックで区切ることで、異なる文字組みも違和感なく配置できます。文字組みの混在によって、デザインに動きが生まれます。ここでは、欧文や数字を含む情報を配置したいため、横組みを混在させています。メインの縦組みの流れに合わせ、上から下へと重要度順に情報を配置し、読み取りやすいレイアウトを心がけましょう。

◆ 電子書籍・雑誌を 読んでみよう!

技術評論社　GDP	検索

で検索、もしくは左のQRコード・下の
URLからアクセスできます。

https://gihyo.jp/dp

1 アカウントを登録後、ログインします。
【外部サービス(Google、Facebook、Yahoo!JAPAN)
でもログイン可能】

2 ラインナップは入門書から専門書、
趣味書まで 3,500点以上!

3 購入したい書籍を 🛒カート に入れます。

4 お支払いは「**PayPal**™」にて決済します。

5 さあ、電子書籍の
読書スタートです!

●ご利用上のご注意　当サイトで販売されている電子書籍のご利用にあたっては、以下の点にご留意
■**インターネット接続環境**　電子書籍のダウンロードについては、ブロードバンド環境を推奨いたします。
■**閲覧環境**　PDF版については、Adobe ReaderなどのPDFリーダーソフト、EPUB版については、EPU
■**電子書籍の複製**　当サイトで販売されている電子書籍は、購入した個人のご利用を目的としてのみ、閲覧
ご覧いただく人数分をご購入いただきます。
■**改ざん・複製・共有の禁止**　電子書籍の著作権はコンテンツの著作権者にありますので、許可を得ない

文中回転

縦組みの文中に欧文や数字が混在する場合、「文中回転」を使って可読性を高めましょう。

使用アプリ Ai

10月1日は、デザイン(design)の日です。

→

10月1日は、デザイン(design)の日です。

数字の場合、漢数字(例:「十月一日」)を使用する方法もあります。内容とイメージに合わせて選択します。

数字の回転

回転させたい数字をT(文字ツール)で選択し、[文字]パネルの右上のオプションをクリック→[縦中横]をクリックすると、数字が回転します。

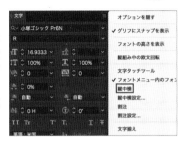

欧文の回転
(一文字ずつの回転)

回転させたい欧文をT(文字ツール)で選択し、[文字]パネルの右上のオプションをクリック→[縦組み中の欧文回転]をクリックすると、文字が回転します。

段組み

横組みと同じく、情報量が多い場合は段組みを利用して読みやすくレイアウトします。写真などを挿入することで、紙面や画面にリズム感をつくります。要素を挿入する場合には、段組みに合わせてサイズを調整し、読み手の視線を迷わせないように配慮しましょう。

〈 2 段 組 〉

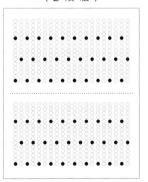

〈 5 段 組 〉

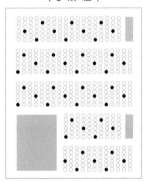

12 動き
文字組みを混在させる

縦組みと横組みを混在させてレイアウトすることで全体の流れに変化が生まれ、動きのあるデザインになります。読み手の視線を迷わせないようにアクセントで誘導し、効果的なデザインをつくりましょう。

縦組みをアクセントに

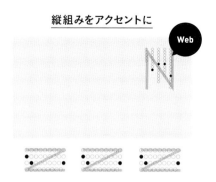

横組みが主体のウェブページに縦組みを入れると、アクセントになります。

テンポに変化を

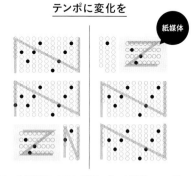

テンポが単調になる文章量の多い紙媒体では、見出し周りを横組みにすると変化がつきます。

キャプションを入れる

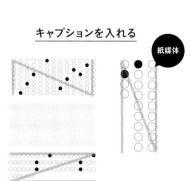

本文とキャプションで文字サイズや組みに変化をつけると、読みやすいデザインになります。

印象が近すぎる配置

印象が近い配置

印象が近い配置

文字の大きさや書体に違いがなく、距離が近いと読み手を混乱させてしまいます。

POINT
...

- ☑ 流れに変化が生じて、動的なデザインになる
- ☑ 組みが混在するレイアウトには数字で規則性を与えることも
- ☑ ビジュアルの配置で生まれる余白を無駄なく使える

• SAMPLE DESIGN •

─── Who ───	─── What ───	─── Case ───
20~30代女性	大人っぽいイメージを印象づけたい	アパレルブランド

縦・横位置の写真に合わせて、文字組みを変えることで、単調にならず動きのあるレイアウトになります。アイキャッチとして数字を大きくあしらうことで、注目が集まり、読み手が混乱しないよう視線を誘導するレイアウトにしています。

01 情報量が多い要素でも すっきりとした印象に

縦位置と横位置の写真を配置する場合、文字を横組みのみで配置すると、余白の空きが均等にならずバランスがとりにくいもの。文字組みを混在させることで、スペースを有効に活用できます。写真と文字をひとつのブロックとして意識しながら文字を配置することで、すっきりとまとまったデザインになります。

02 動きのあるレイアウト

バナーのように小さいスペースに文字情報が多く入ると、テンポが単調になるため、組み方を混在させて、動きのあるレイアウトにすることができます。

03 流れを変えたいときに効果的

ウェブサイトの多くは上下にスクロールさせる構成のため、文字組みが混在すると、流れを止めてしまいます。組み合わせる場合は、関係性の低い情報と区別したいときのみに使うと効果的です。

02 バナーデザイン

01 雑誌デザイン

03 Webデザイン

角版写真やブロックを意識してまとめた文字要素で全体がシンプルな印象になるため、書体で変化をつける。

数字を大きくあしらい、印象づけて視線を誘導する。視線の流れを明確にすることで、縦組み・横組みが混在したレイアウトでも、読み手を混乱させずに情報を伝えることができる。

COLUMN

ブロックを意識してレイアウトする

写真と文字をブロックとして配置すると、グループとしてのまとまりが生まれます。写真に紐づく文字は高さや幅を写真とそろえるなど、スクエアを意識して配置しましょう。要素間のガタつきをなくすことで美しいデザインに仕上がります。

意図なく飛び出す要素があると、バランスが悪いだけでなく情報のグループとして認識しづらくなります。

ワンランクUPなデザインテクニック

書体を組み合わせる

文字組みを目立たせたい場合、複数の書体を組み合わせて使用することで印象を変えることもできます。強調したい場合は、単語別に変化させると効果的です。内容に合わせて組み合わせ方を検討してみましょう。

書体を変える。　←　書体を変える。　→　書体を変える。

**強調ワードを
明朝体に**

ゴシック体のほうが明朝体よりも視認性が強いため、強調したいワード以外はウェイトの細いフォントを使い弱めましょう。

**強調ワードを
ゴシック体に**

明朝体の分量が多いと、上品な印象を与えます。ゴシック体と明朝体の字形の縦横幅が極力近いものを選ぶとバランスがとれます。

**ひらがなだけ
ひと回り小さくする**

ひらがなだけを小さくすると、主語（各詞）と動詞がはっきりと浮かび上がりわかりやすくなります。

書体を変える。　書体を変える。

**助詞を
ひと回り小さくする**

文章にメリハリがないと感じた場合は、助詞をひと回り小さくすると抑揚をつけることができます。

13 動き
切り抜き写真で楽しさを演出する

切り抜き写真を配置すると表現の効果に動きが加わり、にぎやかで楽しい雰囲気になります。輪郭で切り抜くことでシェイプがより強調され、被写体の持つイメージを読み手に強く印象づけることができます。

輪郭に沿った切り抜き

全体像がひと目で伝わり、被写体の形状を強調することができます。

ざっくりとした切り抜き

背景を残してはさみで切ったような切り抜きには、スクラップ風のクラフト感が生まれます。

図形で切り抜き

被写体の周辺の状況も伝えつつ、写真の注目させたい部分にフォーカスすることができます。

輪郭の切り抜きに不向きな写真

風景や被写体が見切れた写真など、切り抜くことで違和感が生じるものには不向きです。

POINT
...

- ☑ デザインに動きが生まれ楽しくにぎやかな雰囲気に
- ☑ 輪郭に沿った切り抜きは、形や動きそのものを強調する
- ☑ つくりたいイメージや被写体に合わせた切り抜き方法を選ぶ

• SAMPLE DESIGN •

Who		What		Case
小学生	×	楽しいイベントの内容を伝えたい	×	ワークショップの案内

写真を切り抜くと余分な部分がなくなり、見せたいものがより引き立ちます。配置するだけで動きをつけられるため、楽しげなイベントの雰囲気をデザインに落とし込むのに適しています。

<u>01</u> フライヤーのデザイン

01 サイズの大小で動きをつける

サイズにメリハリをつけた切り抜き写真で全体に動きをつけています。作品を見せることでワークショップの具体的な内容が伝わり、より読み手に興味を抱かせます。

02 配置場所に配慮してまとまり感を

ウェブサイトなどデザインが広範囲に及ぶ場合、切り抜き写真の配置場所を各ポイントにまとめるとリズムが生じて読みやすくなります。

03 文字情報とのバランスに配慮する

小さな画面で見せる場合、視認性が悪くならないよう写真の大きさや点数に配慮します。

<u>02</u> Webデザイン(SP)

<u>03</u> バナーデザイン

切り抜き写真に存在感があ
るため、タイトルが負けな
いようにデザインをつくり
込み目立たせる。

写真に影を足して立体感を
出す。

切り抜き写真やあしらいの
イラストなど、形がさまざ
まな要素が多いほどごちゃ
ついた印象になりやすくな
るため、全体の色数を絞る。
写真で使われている色を他
のデザイン箇所に使うとま
とまりやすい。

\ 知りたい！ /

アプリテクニック *for* レイアウト

使用
アプリ **Ai**

TECH
01 輪郭に沿った切り抜きをする

切り抜きたい画像を配置し、（ペンツール）で輪郭
に沿ったパスを作成します❶。パスと画像を選択
し、[オブジェクト]メニュー→[クリッピングマス
ク]→[作成]でパスの形に切り抜きができます❷。
[クリッピングマスク]はキーボードの⌘([Ctrl])＋
7でも行えます。

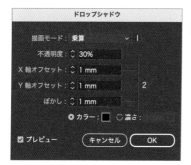

ドロップシャドウ		
描画モード：	乗算	∨
不透明度：	↕ 30%	
X 軸オフセット：	↕ 1 mm	
Y 軸オフセット：	↕ 1 mm	2
ぼかし：	↕ 1 mm	

● カラー：■　○ 濃さ：

☑ プレビュー　（キャンセル）（ OK ）

TECH
02 写真に影をつける

画像を選択し、[効果]メニュー→[スタイライズ]
→[ドロップシャドウ]を開きます。[描画モード]
は[乗算]❶、画像に合わせて他の数値を設定❷す
ると簡単に影がつけられます。

\知りたい！/
ワンランクUPなデザインテクニック

メリハリとバランスのとり方

一定の法則をつくり、それに沿って配置していくとバランスがとりやすくなります。た
とえば「サイズを大・中・小の三種類に分ける」、「大きいサイズのものから並べて対角
線上に配置する」、「大きいサイズの素材は数を絞る」などの法則を取り入れることで、
デザインが散漫な印象になるのを防ぐことができます。

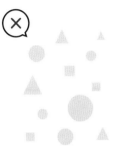

サイズの種類が多すぎた
り、大きさに差があまりな
いと、散漫な印象になって
しまいます。

同じようなサイズの要素を
近づけすぎると比重が傾
き、バランスの悪いデザイ
ンになります。

大きいサイズの素材が多す
ぎると悪目立ちして、他の
要素に目がいきづらくなり
ます。

解決テク❶
対角線で比重のバランスを整える

大きいサイズのものから並べて対角線
上に配置し、空いたスペースに小さめ
のサイズのものを配置していきます。

解決テク❷
似た色の写真を隣合わせにしない

似た色の写真を隣合わせに配置すると
色のコントラストの比重バランスが崩
れてしまいます。

14 動き ランダムに配置する

複数の角版写真やイラストをランダムに並べるとデザインにリズムが生まれ、それぞれのビジュアルの印象を強めることができます。フォーマットを意図的に崩しながら要素を加えることで、自由で楽しげな雰囲気が生まれます。

メリハリをつける

サイズの大小をつけて写真を並べると、よりランダム感が増しメリハリがつきます。

アクセントを加える

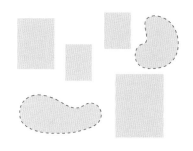

一部の印象を変えてアクセントをつけることで、デザインに動きがつきます。

フォーマットをつくる

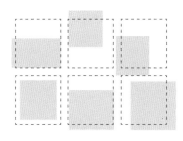

最初に整列のフォーマットを決めると、バランス感をキープしたまま崩すことができます。

まとまりを感じさせる

外枠などの全体をまとめる要素を加えることで、デザインの印象が引き締まります。

POINT
...

- ☑ デザインがリズミカルになり、楽しげな印象に
- ☑ 複数のビジュアルをそれぞれ印象的に見せられる
- ☑ ビジュアルに大小をつけることで、メリハリが生まれる

• SAMPLE DESIGN •

─── **Who** ───		─── **What** ───		─── **Case** ───
20〜30代男女	×	写真をメインに見せたい	×	旅行コンテンツ

ランダムな配置のデザインは、ワクワクするような雰囲気のデザインにマッチします。バラバラな印象になりすぎないよう、写真の形や色味に統一感を持たせるなどの工夫をしてデザインを整えます。

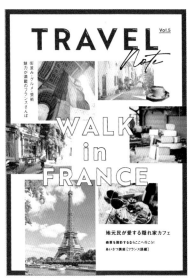

01　フリーペーパーの表紙デザイン

02　Webデザイン

01　ランダムな配置で写真の印象を強める

旅先の写真を並べ、読み手の興味を特集へ誘導します。写真の向きやサイズをあえて統一しないランダムなレイアウトが、「旅」の自由さを表しています。

02　パラパラとした印象にならない工夫を

ページ全体をランダムな配置にすると、印象が散漫になり内容が伝わりづらくなることがあります。余白を部分的にそろえたり、写真のテイストや加工を統一するとまとまりが出ます。

03　切り抜き写真との組み合わせでよりポップな印象に

角版写真と切り抜き写真を組み合わせ、旅行の楽しげな雰囲気を強調しています。

03　バナーデザイン

写真の高さや、写真と写真の間隔を何箇所かそろえると ランダムな配置でもまとまりよく仕上がる。

TRAVEL Vol.5
Note.

街並み・グルメ・芸術 魅力が満載のフランスさんぽ

WALK in FRANCE

かっちりとまとまりすぎないよう、手書き風の文字やざっくりとした切り抜き写真で遊びをプラス。

最初に大きいサイズの写真を配置し、空いた余白に小さいサイズの写真をはめていくようにレイアウトするとスムーズ。

地元民が愛する隠れ家カフェ
絶景を撮影するならこCへ行こう!
あいさつ講座 [フランス語編]

背景の枠で全体を引き締め、まとまりを持たせる。

\ 知りたい! /

アプリテクニック *for* レイアウト

使用アプリ **Ai**

整列

オブジェクトの整列:

4

オブジェクトの分布:

等間隔に分布: 整列:

❸ 🔵 3 mm ❷

TECH
01 余白をそろえるときれいに見える

余白を統一させるには[整列]パネルが便利です。複数のオブジェクトを選択したうえで、軸となるオブジェクトをひとつだけクリックするとキーオブジェクト❶が設定されます。[等間隔に分布]の数値を入力し❷、[水平方向等間隔に分布]❸をクリックすると指定した間隔で配置できます。また、[垂直方向上に整列]❹をクリックすると上辺をそろえられます。

❶

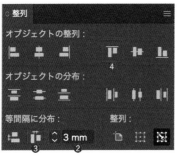

\知りたい！/
ワンランクUPなデザインテクニック

マージン設定で印象が変わる

レイアウトの最初の作業としてレイアウトスペースの四辺の余白幅（マージン）を決めることで、デザインを設計しやすくなります。このマージンを基準に配置すると、整った印象になります。

マージンが狭い

余白を減らしレイアウトできる領域を増やすと、「にぎやか」「元気」な印象を与えます。

マージンが広い

マージンを広くとると、「上品」「静か」といった印象のレイアウトに適しています。

Point

**マージンガイド線を基準に
整列させる**

写真をランダムに配置する場合、マージンのガイドを基準にレイアウトすることにより、整ってバランスのよい仕上がりにすることができます。

 **乱雑な配置は
ごちゃごちゃした印象に**

ガイドを決めないでレイアウトすると、乱雑な印象になってしまいます。

15

数字でリズム感を加える

ナンバリングによる情報の整理は簡単シンプルに、目線をスムーズに誘導するテクニック。数字のジャンプ率を高めアイキャッチにすれば、さらに視覚にリズムが生まれるレイアウトです。

目線の動き

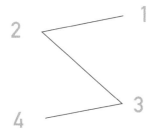

数字が続くことで規則性が生まれ、リズミカルなデザインになります。

数字を大きく配置する

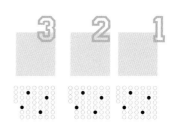

大きく配置した数字はアイキャッチとなり、メリハリが生まれて流れを強調します。

書体を工夫する

デザインコンセプトを象徴する書体を駆使することで、全体のイメージを統制できます。

目線を迷わせる配置

意図のない順列を乱した配置は、読み手の目線を迷わせ疲れさせてしまうだけです。

POINT
···

- ☑ それぞれのブロックが整理されてわかりやすい
- ☑ 目線をスムーズに誘導し、リズミカルなデザインに
- ☑ 数字を大きく配置すると、アイキャッチの効果がより高まる

• SAMPLE DESIGN •

| **Who**
30〜40代独身男性 | × | **What**
レシピを紹介したい | × | **Case**
男性向けマガジン |

スタイリッシュにまとめた配色とジャンプ率を高めたメリハリのあるレイアウトで、料理の写真に目が行くよう魅せています。大胆にあしらった数字がアイキャッチとなり、リズミカルに情報を伝えることができます。

01　雑誌デザイン

01　リズムよく動きを出す

整然と並べてしまうと、動きがなく単調なレイアウトになってしまうので、数字の位置をずらして動きをつけながら配置することでリズム感をデザインに与えられます。

02　数字で流れを誘導する

縦にスクロールして流れるウェブサイトは、数字の位置をずらすことで左右に視線が流れるように配置しています。

03　スペースがない場合は、優先順位を整理してメリハリを

小さいスペースのバナーは、要素をたくさん入れられないため、レシピの総数『30』を少し目立つように処理し、レシピの数を魅力ポイントとして興味をそそるようにデザインしています。

02　Webデザイン

03　バナーデザイン

SAMPLE POINT

「数字」→「アイテム名」→「レシピの詳細」の順で大きさに変化をつける。

数字ばかりを飾ると、写真や見出しなどの印象が弱まってしまうので注意が必要。

写真を見切れさせて配置することで、インパクトを与える。

テーマに合わせてエネルギッシュで力強いフォントを使用。

\ 知りたい！ /

アプリテクニック *for* レイアウト

使用アプリ **Ai**

〈 文字にフチをつける 〉

STEP
01 線レイヤーの位置を変更する

オブジェクトを選択し、[アピアランス]パネルで❶をクリックします。[線]のレイヤーが文字色の上にあるので、[塗り]の下にドラッグ＆ドロップします❷。

STEP
02 線の太さなどを設定する

線の色と太さを設定します❸。[アピアランス]パネルの[線]❹をクリックし、[線の設定]パネルを表示させます。[線端][角の形状]❺を丸く設定します。

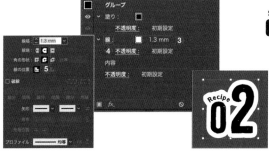

\知りたい！/
ワンランクUPなデザインテクニック

ジャンプ率による印象の変化

ジャンプ率が高いデザインはスポーツ紙や週刊誌などでよく使われており、ダイナミックでエネルギッシュな印象を与えます。反対に、ジャンプ率が低いデザインは知的で信頼のおける印象を与えます。経済紙や辞書などによく見られます。ジャンプ率を変えることによって、印象やターゲットも大きく変わります。

ジャンプ率・高い

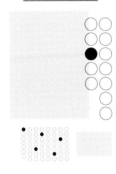

ジャンプ率が高いと、直感的にタイトルや見出しなど訴求ポイントが目に飛び込んできます。

ジャンプ率・低い

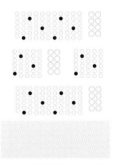

ジャンプ率が低いとインパクトは弱くなりますが、穏やかで落ち着いた印象を感じさせる効果があります。

メリハリをつける

注目させたい文字や写真のサイズに大小差をつけると、自然と大きい要素から順に視線が向きます。その差が大きいほど、よりレイアウトに緊張感が生まれます。

16

角度をつけてスピード感を出す

デザイン全体に傾きを加えることで、動きのあるデザインになります。不安感につながらないよう角度や方向を調整することで、力強さやスピード感なども表現することが可能になります。

右上がり

「右肩上がり」という言葉のように、視覚的に成長や上昇のイメージを与えます。

角度の調整

傾きを強くするほど目線が上に向き勢いが増すため、動的なレイアウトになります。

グリッドを斜めに

配置のベースとなるグリッドを傾けると、スタイリッシュなイメージをつくることができます。

余白を生み出す

大きく見せたい写真をあえて斜めに配置することで、余白をつくり空間を演出します。

POINT
...

- ☑ デザインに動きがつき、印象的に
- ☑ 力強さやスピード感を演出できる
- ☑ 斜めにする方向に沿って情報を整理し、流れをつくる

• SAMPLE DESIGN •

Who		What		Case
20~40代男女	×	安さをアピールしたい	×	航空会社

右上方向へ斜めの角度をつけることで、上がっていく勢いやポジティブな印象を持たせることができます。なお右下がりはマイナスのイメージを持たれやすいので、あまり使いません。

01　ポスターデザイン

02　Webデザイン

01　勢いと力強さを強調する

斜めに配置した勢いのある見出しに合わせ、断ち落とし写真を大きめに配置し、力強さを強調しています。

02　写真を傾けてシャープな印象に

縦にスクロールして流れるウェブサイトは、写真や背景を斜めの形状にしてシャープな印象を加えます。キービジュアルのテキスト以外は斜めにすると読みにくいので、正位置で配置します。

03　あしらいで斜めのラインを補足する

タイムセールの勢いを、斜めのレイアウトにすることでスピード感を演出しています。ラインのあしらいを入れることで、斜めの流れをより強調しています。

03　バナーデザイン

斜めのラインと文字情報の
角度を合わせる。

斜めのラインでスピード感
を演出。

可読性を考慮し、「15°」以内
までの傾きで調整。

角のあるゴシック体で、より
シャープでスタイリッシュ
な印象に。

＼ 知りたい！／

アプリテクニック *for* レイアウト

使用
アプリ

回転

回転
角度： 10°

オプション： オブジェクトの変形　パターンの変形

プレビュー

コピー　　キャンセル　　OK

TECH
01 ［回転］ツールで
傾きを調整する

傾けたいオブジェクトを選択し
て、オブジェクト全体を選択しま
す。 (回転ツール)で傾きの数値
を入力し、全体を傾けます。

＼知りたい！／
ワンランクUPなデザインテクニック

角度をそろえて統一感を出す

斜めのデザインを取り入れる場合は、細部にも気を配りましょう。斜めにする部分の角度をそろえることで、全体の統一感が整います。

それぞれのパーツを感覚で傾けると、微妙に角度が合わず、違和感が生じます。平行になるよう数値を入力して正確に回転させましょう。

◎ *ナナメの角度をそろえる*

✕ ナナメの角度をそろえる

回転以外にも、斜体をかけて斜めにする場合も同じです。角度が違うと、人は違和感を覚え、そこだけが浮いて見えてしまう場合もあります。

その他のそろえたほうがいい部分

角の丸さがバラバラ	線の太さがバラバラ	余白がバラバラ
		あきをそろえる あきをそろえる
		あきをそろえる あきをそろえる

17

動き

コマ送りでストーリー性を持たせる

同じシチュエーションの別カットを並べてコマ送りのような流れをつくることで、前後の文脈や時間の経過を表現します。デザインのメッセージ性を強めることができるレイアウトです。

写真を複数並べる

関連する写真を並べて配置するとストーリーが生まれ、読み手に前後の流れを意識させます。

変化していく写真を並べる

少しずつ変化をつけた写真を並べて、視覚的に動きを伝えています。

内容とリンクさせる

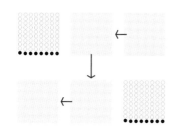

雑誌記事などでよく用いられる、時間の経過に合わせて写真を配置していく方法です。

強調するあしらいを加える

どんどん**大きく**

タイトルやキャッチコピーのあしらいを流れに合わせることで、メッセージ性を強めます。

POINT
...

- ✓ 動きと変化によって目線の流れが生まれる
- ✓ 時間の経過、動きが感じられる
- ✓ 関連する写真を並べることで、ストーリー性が生まれる

● SAMPLE DESIGN ●

Who		**What**		**Case**
30~40代女性	×	効果を伝えて購買意欲を高めたい	×	サプリメントの広告

3人の女性それぞれのライフスタイルを描いた写真を同列に並べることでストーリーが生まれ、届けたいメッセージをレイアウトで伝えることができます。

01　LPデザイン

02　チラシデザイン

03　Webデザイン

01　動きを助けて流れをつくる

下方向に情報が流れるランディングページでは、変化をつけた写真をリズムよく並べて、視線を誘導します。写真を重ねて配置すると、写真同士の関連性が生み出すストーリー性が感じられます。

02　写真を並列に並べてメッセージ性を強める

3枚の写真をコマ送りのように並列に並べ、3つのシーンを関連付け、メッセージ性を強めています。

03　複数の写真をひとつのエリアで並列に見せる

トップページで複数枚のキービジュアル写真をスライド表示すると、サイトを訪れた人の興味を引きつけることができます。

ここでは3枚共通で空を背景にした写真を配置して、統一感を。

左から右へ視線が誘導される。

全体を縦方向に四分割して、そのうちの約3/4にメインとなる被写体を収めることで、安定感のあるレイアウトに。

\ 知りたい！ /

アプリテクニック *for* レイアウト

使用アプリ **Ai**

〈 写真と写真の空きを詰めて整列する 〉

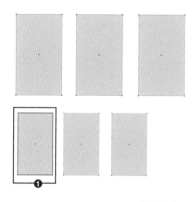

STEP 01 キーオブジェクトを選択する

複数の写真を選択したのちに基準としたいオブジェクトをクリックします❶。キーオブジェクトのフチには色がつきます。

STEP 02 写真の空きを調整して整列する

[整列]パネルの[等間隔に分布]の数値を設定してから、[水平方向等間隔に分布]❷をクリックすると、キーオブジェクトに沿って隙間無く整列させることができます。

ワンランクUPなデザインテクニック

配置の間隔や点数で速度を感じさせる

どのように写真を並べるかによって、表現したいスピード感や雰囲気をコントロールすることができます。ゆったりとした印象をもたせたい場合は点数を少なくし、間隔を空けて配置します。点数を増やしていくことで速度感が強まります。あるいは、それぞれの写真の間隔を詰めて配置するだけでも、より流れを速く感じさせることができます。

弱まる ← 速度感 → **高まる**

字間によって印象が変わる

文字と文字との間隔（字間）によっても、印象を変えることができます。字間が狭いと早口で話しているように感じます。情報を早く伝えたい情報誌などでよく使われます。また絵本のようにゆっくりと読んでもらいたい場合には、字間をゆったりと空けます。

字間空ける　　　　　　　　**字間詰まる**

ゆっくり ← 速度感 → **急ぎ**

むかし、むかし、大むかし、ある深い山の奥に大きい桃の木が一本あった。大きいとだけではいい足りないかも知れない。

むかし、むかし、大むかし、ある深い山の奥に大きい桃の木が一本あった。大きいとだけではいい足りないかも知れない。

18 メリハリ 裁ち落としで印象的に見せる

裁ち落としを利用すると、写真の迫力が高まりインパクトのあるレイアウトになります。裁ち落としたビジュアルの上にいちばん伝えたいキャッチコピーなどの要素を上手に配置することで、強く印象づけることができます。

左右どちらかに寄せた裁ち落とし

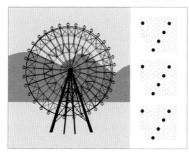

左右どちらかに余白をつくって情報を配置します。紙媒体でよく用いられる手法です。

上下どちらかに寄せた裁ち落とし

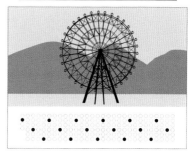

上か下に余白をつくり、情報を配置します。紙媒体とウェブ媒体、両方に用いられます。

四方裁ち落とし

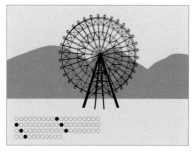

インパクトと奥行きを同時に感じさせることができる、写真内の余白を利用した裁ち落としです。

被写体を見切れさせる裁ち落とし

余白を限界まで使い、大きく被写体を見せる手法です。デザインの背景として主に用いられます。

POINT
...

☑ 写真の迫力、存在感が強まりインパクトのあるレイアウトに

☑ 写真に奥行きや広がりを感じさせることができる

☑ いちばん伝えたいメッセージと一緒に見せることで、印象的なデザインに

• SAMPLE DESIGN •

Who		What		Case
20~40代のカップル	✕	購入につなげるイベントの集客	✕	不動産広告

住宅の購入を検討しているファミリー層に対し、購入後の生活を想起させるような写真を断ち落としで大きく見せ、強く印象付けています。

01　Webデザイン（SP）

02　チラシデザイン

03　バナーデザイン

01　背景全体を断ち落とし写真にして
ユーザーを引き寄せる

断ち落とし写真を背景に並べて配置し、サイト全体でテーマの印象を強め、ユーザーが部屋に訪れているような擬似体験を感じさせることができます。

02　ブロック分けして情報を整理する

断ち落とし写真の下に余白をつくり、文字要素を配置。ブロック分けして情報を整理しています。

03　トリミングに注意してレイアウトする

媒体のサイズに合わせて断ち落としにする場合は、いちばん見せたい部分に目を惹くようにトリミングに注意します。天地が窮屈にならないよう、天井や空などの空間で"抜け"を残すよう意識します。

SAMPLE POINT

天側に余白を設けて、室内の開放感を演出する。

文字情報をしっかりと読ませるために、背景を白地に。

メインの裁ち落とし写真が引き立つように、サブの写真は裁ち落としにせず、小さめに配置にすることで、デザインにメリハリをつける。

\ 知りたい！/

アプリテクニック *for* レイアウト

使用アプリ **Ps**

〈 写真にフチをつける 〉

STEP
01 レイヤースタイルを追加する

配置した写真レイヤーを選択し、[レイヤー]パネルで[レイヤースタイルを追加]❶をクリックします。

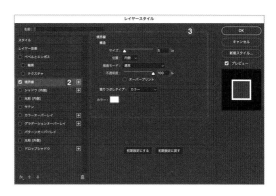

STEP
02 境界線を設定する

[境界線]❷にチェックを入れ、[サイズ]、[不透明度]、[カラー]を設定します❸。

ワンランクUPなデザインテクニック

\知りたい!/

潜在的な感覚を利用する

レイアウトに迷った際は、潜在的な感覚を利用してレイアウトしてみるのもよいでしょう。一般的に、人は左側に配置されたものを感覚的に(右脳で)捉えるため美しく感じやすく、右側に配置されたものを理論的に(左脳で)判断します。加えて、目線は左から右へと動きやすいという傾向があります。下の例では、ビジュアルを左側に配置し、論理的な文字要素を右側に配置することでバランスをとります。自然と文章を読ませることができるレイアウトです。

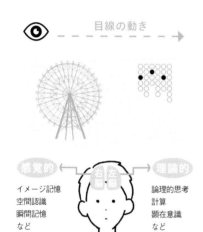

右側に配置されたキャッチコピーによって、ビジュアルやお店のロゴ、「OpenHouse」の文字に視線が向かいます。

Point

縦組みと横組みの混在効果

全体の流れと異なる要素を加えることで、動きがつきデザインのバランスもよくなります。仮に、キャッチコピーを横組みで配置してみると、すべてが横に流れていくような印象を与え、目線の引っかかりが弱くなってしまいます(P.134を参照)。

メリハリ

角版・裁ち落とし・切り抜きを使い分ける

角版・裁ち落とし・切り抜き写真をひとつのデザイン内で使い分けると、表現の幅が広がり、動きを感じるレイアウトになります。写真の扱いを差別化することで、要素それぞれの印象をより強めることができます。

イメージを強める

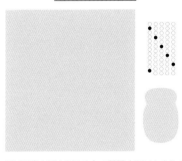

同じ要素を異なる見せ方で配置することにより、それぞれの印象を強めることができます。

アクセントにする

複数の写真を並べる場合、強調部分の形を差別化すると、動きのあるデザインになります。

リズミカルに並べる

配置に規則性を持たせると、いろいろなシェイプが混在してもまとまりとリズム感が生まれます。

印象が近すぎるのはNG

混在させる写真の印象が似ていると、強調の効果は生まれません。

POINT
···

- ☑ 2つの写真に変化をつけることで意味を持たせる
- ☑ いろいろな形状の写真素材を並べると動きが生まれる
- ☑ 寄りと引きで差をつけると差異の印象がさらに強まる

• SAMPLE DESIGN •

Who		What		Case
30〜50代男女	×	新商品のこだわりを伝えたい	×	食品の広告

ひと目見て食欲を刺激させる角版写真と、商品パッケージや原材料の切り抜き写真をレイアウトして、商品の認知度を高めます。背景に濃い色を使い、上質な格の高さを演出しています。

01 ポスターデザイン

01 安定感のある写真の置き方で 品のある印象を抱かせる

メインとなるイメージ写真を裁ち落としで配置します。全体を三分割したスペースの2/3に裁ち落とし写真を配置することで、安定感のある落ち着いたデザインになります。

02 アピールポイントを強調する

製品の売りである厳選した食材をアピールするため、素材の写真を切り抜きにしています。素材の印象を強めると同時に、画面にアクセントを加える効果もあります。

03 切り抜き写真で 商品のバリエーションを訴求

商品バリエーションの数や種類をわかりやすく伝えたい場合、パッケージを並べるとひと目で認知してもらえ効果的です。おいしさを伝えるために、イメージ要素の強い写真を断ち落としにしています。

02 Webデザイン

03 バナーデザイン

パンケーキのふちに沿った
アーチ状のキャッチコピーで
曲線を取り入れ、ふわふわと
した食感を表現。

背景が大きくボケた写真
は、ピントが合っている
部分をより強く印象付
け、五感を刺激する。

イラストを取り入れると、優し
さや温もりを感じさせるデザイ
ンになる。ここでは全体の雰囲
気に合わせた写実的なイラスト
を用いた。

受賞実績という品質の良
さや格の高さを訴求する
ために濃い色を用い、高
級感と上品さを演出。

\ 知りたい！ /

アプリテクニック *for* レイアウト

使用
アプリ **Ps**

〈 アーチ状の文字をつくる 〉

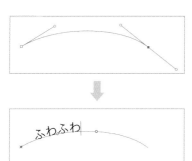

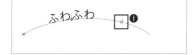

STEP
01 アーチ状のパスに文字を入力する

🖊(ペンツール)で、アーチ状のパス
を描きます。T(横書き文字ツール)
でパスにカーソルを合わせると、文
字が入力できるようになります。

STEP
02 入力した文字の位置を変える

▶(パスコンポーネント選択ツール)
を選択し、キーボードの⌘(Ctrl)キー
を押しながら、パス上の白い丸❶を
動かすとテキストの位置を調節でき
ます。

ワンランクUPなデザインテクニック

効果的な写真のトリミング

デザインにおいて、写真が与える影響はとても大きいものです。写真をどのようにトリミングするかによって、不要な部分を削除し被写体を強調することができます。何を伝えたいのかが明確な写真になります。

角版（かくはん）

長方形や正方形の形でトリミングする方法。対象物と背景を生かし、写真全体を見せることができます。客観的な事実を伝えるのに向いています。

丸版（まるはん）

正円または楕円の形でトリミングする方法。一部をクローズアップして見せたいときに向いています。角がなくなり、印象が和らぎます。

切り抜き

被写体の形に合わせてトリミングする方法。不要な背景を削除でき、被写体が強調され、自由度の高いレイアウトができます。

丸版で部分的に拡大して見せ、情報を補足しています。

切り抜き写真にすることで、別の背景写真などと組み合わせることができ、デザインの幅が広がります。

 伝わらないトリミングはNG!

寄りすぎたり、見切れてしまうトリミングでは、内容が伝わりません。

20 カラーでアクセントをつける

メリハリ

シンプルなデザインの中にアクセントとして色を加えることで、視線を集めることができます。ワンポイントだけに使用を限定することで、落ち着いた雰囲気を壊すことなくデザインを際立たせることができます。

ビジュアルを引き立たせる

目立たせたいイラストや写真に色を加えることで読み手の目線を注目させることができます。

見出し部分を強調

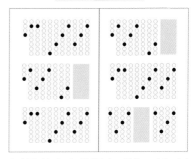

文章量が多くても、強調したい部分にアクセントとして加えることで目立たせることができます。

3つのカラーバランス ◯

ベース：メイン：アクセント＝7：2.5：0.5の割合で配色すると、美しく整ったデザインになります。

アクセントの多用 ✕

アクセントを入れすぎたり、使用する色の数が多すぎるとまとまりがなくなってしまいます。

POINT
...

☑ 色を入れることで強調部分がつくられ注目を集める

☑ ベース色に対して差し色をアクセントに使用すると、メリハリがつく

☑ アクセントの箇所や色数を増やしすぎると強調効果が薄れる

• SAMPLE DESIGN •

— Who —		— What —		— Case —
30～40代男性	×	ショップの売り上げを伸ばしたい	×	メガネショップ

モノクロのベースに対し黄色のアクセントをつけ、目立たせたい部分に視線を誘導しています。堅い印象を少しだけ崩すことで、親しみやすい印象になります。

01　強調したい部分にアクセントカラーを

強調したい箇所にマーカー線を引き、アクセントとしています。強調したい部分が埋もれないよう、デザイン全体では色を入れる部分を絞りましょう。

02　アクセントカラーで視線を誘導する

色を設定した部分は強調されるため、いちばん目に留めさせたい部分を選んでアクセントをつけましょう。ランキングのアイコンをアクセントにし、流れを誘導しています。

03　クリックさせたいボタンにアクセントを

バナーのようにリンクページへ誘導したい場合、ボタンなどにアクセントカラーを使うと効果的です。

02　Webデザイン

01　Webデザイン（SP）

03　バナーデザイン

21 メリハリ
反復くずしでアクセントをつける

反復でリズム感を持たせたデザインに、注目させたい要素をアクセントとして配置します。
異なる要素を流れの中に加えることで差別化され、ポイントを強調できます。

ひとつだけに動きをつける

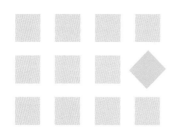

反復の中にひとつだけ色や傾きで違いをつける
ことで、流れに変化が生まれます。

異なる要素を混在させる

反復の中に異なる要素を加えると、他の要素と
の差別化でより際立って注目されます。

空白をつかう

反復の一部を消去して、空白をつくることでアク
セントを加えることもできます。

はっきりしないアクセント ⊗

他要素とあまり差がないアクセントでは、目立ち
にくく効果を発揮しません。

POINT
...

- ☑ 規則性はデザインにまとまり感を持たせる（P.110参照）
- ☑ 強調したいものをひとつだけ異なる要素として混ぜると、際立つ
- ☑ 読ませたい文字を空白部分に配置すると視線を集めやすい

• SAMPLE DESIGN •

Who		What		Case
20〜30代男女	×	多様性をアピールしたい	×	求人広告

人物の写真を並べたレイアウトと色使いで、多様性をアピールした求人広告となっています。規則正しく並んだ安定感のある中で一部に変化をつけるとアクセントとなり、メリハリのあるデザインに仕上がります。

01　ポスターデザイン

03　バナーデザイン

01　形と大きさを変えて　　メリハリをつける

それぞれに色を割り当て、広告のアピールポイントである個性を強調しています。整然と並んだ中にアクセントとなる箇所をつくると、デザインにメリハリが生まれて印象が強くなります。

02　Webデザイン

02　文字に注目を集める配置

斜めのラインが生み出す躍動感の中でも、一部に空白を設けることでそこに視線が集中します。キャッチコピーが引き立ち、効果的に伝えることができます。

03　色と置き方を変えて　　目立たせる

複数のモノトーン写真の中にカラーがひとつあるだけで注目が集まります。さらにフレームの色を変え傾けて動きをつけ、個性に重きを置いているという広告のアピールポイントを表現しています。

SAMPLE POINT

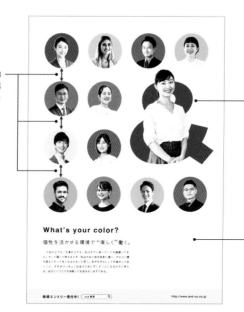

等間隔で並べると整った印象を与え、信頼感や清潔感といった求人広告に適したイメージに仕上がる。

ひとつだけ形と大きさに変化をつける。アクセントをプラスすると視線の分散を防ぎ、印象に残りやすくなる。

色数が多いとごちゃついた印象になりがち。あえて余白を設けることでスッキリとした印象に。

＼ 知りたい！ ／

アプリテクニック *for* レイアウト

使用アプリ **Ps**

〈 丸版に画像を切り抜く 〉

❷

❸

❹

STEP 01 切り抜くための円を描く

○（**楕円形ツール**）を選択し、画面上部の[**ツールモード**]を[**シェイプ**]に設定します❶。Shift キーを押しながらドラッグすると、正円を描けます❷。

STEP 02 円の中に写真を入れる

円の上層レイヤーに写真を配置します❸。[**レイヤー**]パネルオプション→[**クリッピングマスクを作成**]を選択すると写真が円の内側に収まります❹。

＼ 知りたい！／
ワンランクUPなデザインテクニック

ベースをつくってから崩して配置する

はじめから変化をつけて配置するのではなく、基本の形を崩す方法を取ることで、整った
印象も与えつつリズムを感じさせるポイントを作成できます。デザインのベースがあるこ
とで配置の検討もしやすくなり、さまざまなレイアウトプランを立てられます。

基本の形　　　　　　　　　　　　　　　**崩し方を検討**

最初のステップではすべての要素を整えて配置　　ポイントだけに変化を加えてみます。
します。

視線を無意識でコントロールする

異なる複数の要素が並んでいる場合、自然と大きいものに視線が向きます。また、同じよ
うなコンテンツが複数繰り返し並んでいる場合、「流れ」が生まれ、無意識に同形のものを
追って視線が移動します。人間の性質を活用して、意図的に読み手の視線を注目してほし
いポイントなどへ誘導しコントロールすることが可能です。

サイズで差をつける　　　　　　　　　　　　　位置で差をつける

22 罫線で区切る

罫線で区切ることで情報がはっきりと分類され、整理されたレイアウトをつくることができます。デザインが単調にならないように、罫線にあしらいを加えることで変化をつけましょう。

分類する

罫線のあしらい(種類)を使い分けることで、情報を分類・整理することができます。

囲みをつくる

囲みを利用すると、複数の情報が混在しても区別させて読ませることができます。

省略する

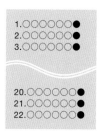

長い図版などを波形の罫線で分断することで、省略することができます。

写真を目立たせる

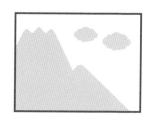

囲み罫線で地の色とビジュアルの区別を明確にし、印象を強めることができます。

POINT
...

- ☑ ブロックの境を明示することで情報を整理できる
- ☑ かっちりとした区切りは、安定感のあるデザインに
- ☑ 統一感を持たせた罫線では、空間が締まりメリハリが生まれる

• SAMPLE DESIGN •

┌─ **Who** ─┐		┌─ **What** ─┐		┌─ **Case** ─┐
20~40代女性	×	商品を購入してもらいたい	×	美容企画

キリヌキ写真が多いと情報同士の境界も曖昧になり、ぼんやりとしたレイアウトになりがちです。罫線で区切ることで、情報をはっきりと区分させたり、引き締まったデザインに仕上がります。

01 区切りで情報を整理する

コスメのアイテムを種類ごとにブロックでまとめて配置することで、情報が整理されて読みやすいレイアウトになります。それぞれの区切りを明確にする罫線のあしらいに統一感を持たせれば、落ち着いた雰囲気に仕上がります。

02 情報を区別する

商品購入を促すエリアに囲みを使えば、ページを高速スクロールしても目立たせられます。

03 罫線でデザインを締める

全体を罫線で囲うと額縁のようにデザインを引き締めることができ、全体がまとまります。

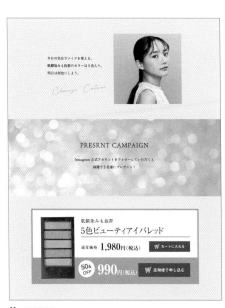

02 LPデザイン

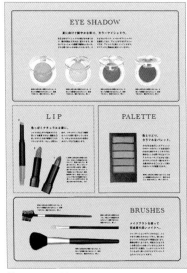

01 リーフレットデザイン

03 バナーデザイン

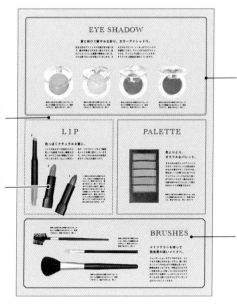

ブロック間の空きを均等に
し整頓する。

一部の切り抜き写真を罫線
の上に乗せるなど配置にも
変化をつけ、ルールを適度に
崩してアクセントを加える。

すべての罫線が同じ種類だと
単調なデザインになってしま
うため、それぞれのブロック
であしらいを変えている。

見出しにも罫線をあしらうこ
とで、デザインが統一され落
ち着いたトーンに。

\ 知りたい！ /

アプリテクニック for レイアウト

使用
アプリ Ai

TECH 01 点線囲みをつくる

破線にしたい囲みのオブジェクトを選択し、**[線]**パネル→
[破線]にチェックを入れます❶。数値を変えることで間
隔や形状を変化させられます。ドットの点線にしたい場
合は、**[線端]**を**[丸型線端]**にして❷、**[破線]**の**[線分]**を
「0」に設定します❸。**[間隔]**を線の太さより大きな数値で
設定し❹、ドットの間隔を調整します。

TECH 02 囲みの角を変形させる

角を変形させたい囲みのオブジェクトを選択し、**[変
形]**パネルの**[長方形のプロパティ]**で角の形を選択・
変更します。数値を入力して、変形の大きさを調整し
ます。角の形状を個別に設定したい場合は、中央の**[角
丸の半径値をリンク]**❶を解除すると行えます。

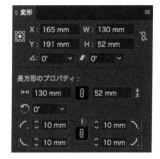

\知りたい！/
ワンランクUPなデザインテクニック

文字を強調したいときに使える囲み

罫線の囲みによって強調させるデザインはアイデア次第でたくさんあります。デザイン全体のバランスをみて、いちばん効果的に見えるものを考えましょう。参考にしてみてください。

フレームで強調

文字と囲みの左右上下が窮屈にならないよう余白のサイズに気を配る。

フチ囲みで強調

少しだけポップで軽い印象に。色ベタ部分を減らしたいデザインに。

リボンで強調

リボンの形によって、高級感やガーリーなどと印象を変えられる。

下線で強調

シンプルなデザインのとき、さりげなく強調したいときに効果的。

"カンマ"で強調

部分的に強調したいキーワードなどの強調に使える。

カッコで強調

会話や引用、作品名などの強調に。本文で使用すると会話の意味に捉えられる。

下に飾りで強調

要素が多いデザインでは埋もれてしまうこともあるので注意。

ふきだしで強調

親しみがあり、さりげなく強調したいときに効果的。

付箋風で強調

ドロップシャドウをつけることで、本物の付箋紙のような雰囲気に。

マーカー線で強調

デザイン全体で罫線を多く使用している場合、差をつけたいポイントで使える。

23 コントラストの効果で印象付ける

メリハリ

モノクロとフルカラーを組み合わせるなどの視覚的な差を示すことでコントラスト比が強くなり、メインビジュアルに目線を誘導するテクニックとして活用できます。統一感とメリハリを両立させてバランスをとります。

カラー写真＋カラー写真

写真の上に写真を重ねると境目が曖昧になり、背景と溶け込み伝わりづらくなります。

1色背景＋カラー写真

コントラストの差をつけることで、メインの写真を目立たせることができます。

イラスト＋カラー写真

線画やシルエットのイラストと写真を組み合わせて配置すると、写真が強調されます。

モノクロ写真＋カラー写真

モノクロ写真上に配置して、メインビジュアルであるカラー写真の印象を強めます。

POINT
...

- ☑ コラージュのにぎやかさを取り入れつつも落ち着きがある印象に
- ☑ イラストを入れるとやわらかさがプラスされる
- ☑ モノトーンの背景によってカラー写真を引き立たせる

• SAMPLE DESIGN •

─── Who ───		─── What ───		─── Case ───
30〜40代女性	×	商品を魅力的に見せたい	×	バッグのブランド

新商品のプロモーションとして主役を目立たせるデザインにするには、コントラストの技法を使うのが効果的です。メインのバッグに視線を集めることで、魅力が伝わりやすくなります。

<u>01</u>　カタログのページデザイン

<u>02</u>　Webデザイン（SP）

<u>01</u>　モノクロとカラーでコントラストをつける

目立たせたい要素以外をモノトーンにすることで、メインビジュアルの印象が強くなります。ここではコラージュの技法を使い、ひとつのグラフィックとして世界観をつくり込んでいます。

<u>02</u>　一色の背景で
　切り抜き写真を強調する

バッグとのコントラストが強い背景色と組み合わせると、見せたい対象が引き立ちます。ベタ塗りはのっぺりとした印象になりやすいので、書体使いや写真の重なりで奥行き感を出し、画面に動きをつけています。

<u>03</u>　線画イラストと組み合わせて
　メインを際立たせる

イラストと写真の組み合わせでメインビジュアルを目立たせています。描き込みの多いカラーイラストよりも、単色の線画やシルエットのようなシンプルなタッチのほうが写真との差が大きくなり、メリハリが出ます。

<u>03</u>　バナーデザイン

コラージュでビジュアルをつくり、モノクロ写真とカラー写真の組み合わせが違和感なくまとまるデザインに。

浮き出るような影で立体感を出し、バッグを強調させる。

\ 知りたい！ /

アプリテクニック *for* レイアウト

使用
アプリ **Ps**

〈 画像に影をつける 〉

STEP 01 影のレイヤーをつくる

影をつけたい画像を新しいレイヤーに配置し、複製して黒く塗りつぶしたレイヤーを用意します❶。黒いほうのレイヤーを選択し、[**フィルター**]メニュー→[**ぼかし**]→[**ぼかし（ガウス）**]を実行してぼかします❷。

STEP 02 影の形を変えて
浮き出ているように見せる

ぼかしたレイヤーを下層に移動させ、[**編集**]メニュー→[**変形**]→[**多方向に伸縮**]を選択して四隅のポイントを動かします❸。影の濃さは[**レイヤー**]パネルの[**不透明度**]で調整します。

\知りたい!/
ワンランクUPなデザインテクニック

距離感を感じる色

同じ場所にあるものでも、色によって近くに見えたり、遠くに見えたりと距離を感じさせることがあります。暖色系の色は前に飛び出して見える性質があります。これを「進出色」と呼びます。寒色系の色は後ろに下がって見える性質があり、「後退色」と呼びます。

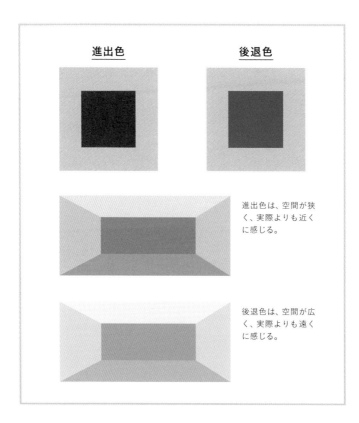

進出色は、空間が狭く、実際よりも近くに感じる。

後退色は、空間が広く、実際よりも遠くに感じる。

上記の効果を利用し、背景との組み合わせによって、主役を目立たせることができます。

179

24

ビジュアル

コマ割りで物語を創り出す

漫画風のコマ割りを使ったレイアウトは、インパクトと親しみやすさで読み手の興味を惹きつけます。デザイン全体の流れをつくりやすく、込み入った内容でもストーリー仕立てで楽しく読ませることができます。

流れの明確化

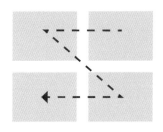

多くの人が見なれている漫画のコマ割りにすることで、目の移動ルールが自然と伝わります。

コマ割り風のコラージュ

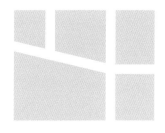

コマに収めたそれぞれの写真の間に、関係性をつくりだすことができます。

枠を利用する

あえて枠からはみ出すようにデザインすると、ダイナミックなイメージになります。

ふきだしと組み合わせる

漫画にかかせないふきだしをあしらうと、さらにストーリー感が強まります。

POINT
...

- ☑ 小難しい内容でも楽しく読め、情報の受け手を飽きさせない
- ☑ コマによって、ストーリーの流れがつくりやすい
- ☑ デザインに親しみやすさとインパクトが生まれる

• SAMPLE DESIGN •

Who		What		Case
20〜40代女性	×	写真でストーリーを感じさせたい	×	写真館の広告

コマ割りのデザインで親しみやすさを感じるビジュアルに仕上げ、写真の魅力を伝えています。コラージュのようなデザインから漫画仕立てまで、複数の写真でストーリーを感じられるデザインに仕上がります。

<u>01</u> バナーデザイン

<u>02</u> DMデザイン

<u>03</u> Webデザイン

01　コマ割り風のコラージュで
親しみのあるデザインに

バナーのような小さい画面ではコマ数を少なくし、視認性を保ちます。一部が枠からはみ出ていると動きがつき、印象に残りやすくなります。

02　罫線でコマの主張を強める

太い罫線でしっかりと区切ると、それぞれのコマの内容が際立ちます。コマ割りのデザインによって、各写真の間に関連性が生まれます。

03　吹き出しとセリフをつけて
ストーリーを見せる

漫画仕立てにすると、ストーリーとともに内容がわかりやすく伝わります。説明が多い場合も、吹き出しのセリフにすることで読んでもらいやすくなります。

写真の雰囲気に合った手書
き文字を組み合わせ、メッ
セージ性を強める。

コマから一部がはみ出す
ように配置すると、奥行
き感が生まれて動きのあ
るデザインになる。

Photo Studio G

\ 知りたい! /

アプリテクニック *for* レイアウト

使用
アプリ

〈 手書き文字の色を変える 〉

STEP
01 手書き文字をPhotoshopに読み込み
TIFF画像にする

手書き文字をスキャナで読み込み、[レベル補正]
でコントラストをつけます❶。[イメージ]メニュー
→[モード]→[グレースケール]を選択し、続けて
[イメージ]メニュー→[色調補正]→[2階調化]を
開き、初期設定のまま[OK]で実行します❷。この
画像をTIFF形式で保存します。

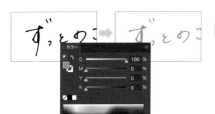

STEP
02 Illustrator上でTIFF画像の色を変える

Illustrator上に配置したTIFF素材は、オブジェク
トと同じように簡単に色を変えることができます。
▶(選択ツール)または ▷(ダイレクト選択ツー
ル)で色を変更したいオブジェクトを選択し、[カ
ラー]パネルで色を変更します。

\知りたい！/
ワンランクUPなデザインテクニック

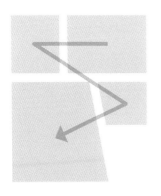

コマ割りの基本をレイアウトに生かす

日本の漫画は右開きのため右上から左下へと逆Z型で進行し、セリフも縦組みが多く使われます。レイアウトとしてコマ割り風にする場合、このルールに従わなければならないということはありませんが、やはり基本を意識して構成するほうが読み手にも親切なデザインになります。効果線や効果音をあしらうことでより漫画感を強めたり、海外の漫画を参考に横組みのレイアウトにしてみるなどといったひねりを取り入れ、よりインパクトのあるレイアウトをつくることもできます。

流れによって文字の配置も考える

本やカタログなどのページがある媒体では、開く方向によっても視線の流れが左右で変わります。右開きでは基本、右から左へと視線が流れるため、縦組みを採用されることが多いです。漫画のコマ割りも縦組みで読ませることが多くみられます。一方の左開きは、左から右へ視線が流れるため、横組みを採用されることが多いです。

右開き

BOOK

むかし、むかし、ある深い山の奥に大きい桃の木が一本あった。大きいとだけではいい足りないかも知れない

左開き

BOOK

むかし、むかし、大むかし、ある深い山の奥に大きい桃の木が一本あった。大きいとだけではいい足りないかも知れない。

25

新聞風デザインを活用する

なじみ深いニュースペーパー風のレイアウトは、多くの情報を整理して伝えることができ、かっちりとした印象も与えます。あしらいや写真の配置で動きをつけると、デザインにやわらかさが加わります。

経済紙風

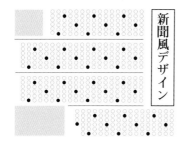

新聞風にすることで親しみがわき、文字量が多いものでも興味をもたせやすくなります。

瓦版風

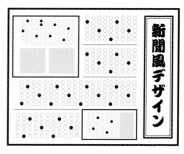

レトロな雰囲気を出すことができ、縦組みの媒体と相性のよいレイアウトです。

英字新聞風

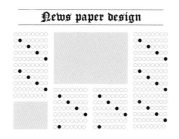

メニューや雑誌のアイテム紹介ページなど、写真をたくさん使う媒体にも効果的です。

スポーツ紙風

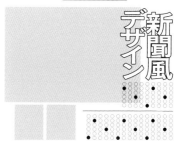

特徴的なスポーツ新聞をパロディするようなレイアウトで強く興味を惹きつけます。

POINT
・・・

- ☑ かっちりとしたトラッドな印象のデザインに仕上がる
- ☑ 区切られたブロックにより、情報が整理される
- ☑ デザインに動きをつけにくいため、あしらいや写真などでの工夫が必要

• SAMPLE DESIGN •

── Who ──		── What ──		── Case ──
20~40代男女	✕	わかりやすくおしゃれに見せたい	✕	タウン情報のニュース記事

ニュース情報を新聞風に仕立て、パロディ感で惹きつけるデザインにしています。ブロックで整理されたレイアウトにより、情報をわかりやすく伝えることができます。

01　タイムリーな情報感を演出する

ニュース記事などを新聞風デザインにすると、タイムリーな情報感が演出されます。バナーのようにデザインスペースが小さい場合は、ごちゃごちゃしないよう、背景に色ベタを敷くなどしてメリハリをつけましょう。

02　ブロックで整理してわかりやすく

ブロックで整理されたレイアウトにより、メニューとコンテンツそれぞれの情報の分類をわかりやすくまとめることができます。

03　情報に優先順位をつけて配置する

もっとも伝えたい情報を冒頭に持ってくるレイアウトにすると、読み手の視線をスムーズに誘導できます。文字情報の多いコンテンツは堅い印象になるため、写真を大きく配置したり、手書き風フォントを使ったりして、単調に感じさせないレイアウトを心がけます。

02　Webデザイン

01　バナーデザイン

03　フリーペーパーデザイン

旬のとれたて情報
YOYOGI JOURNAL
TAKE FREE

ニューオープンのネオハンバーガーショップ

自然には美なるものもあり、醜なるものもあり、美醜の中間のものもあれば、美醜以外のものもある。それ中え価値を論ずるにあたってその美のみを置くのはきわめて偏頗なことである。自然には美なるものもあり、醜なるものもあり、美醜の中間のものもあれば、美醜以外のものもある。それ中え自然を論ずるにあたってその美のみを置くのはきわめて偏頗なことである。美醜の中間のものもあれば、美醜以外のものもある。

自然には美なるものもあり、醜なるものもあり、美醜の中間のものもあれば、美醜以外のものもある。それ中え自然を論ずるにあたってその美のみを置くのはきわめて偏頗なことである。自然には美なるものもあり、醜なるものもあり、美醜の中間のものもあれば、美醜以外のものもある。それ中え自然を論ずるにあたってその美のみを置くのはきわめて偏頗なことである。美醜の中間のものもあれば、美醜以外のものもある。

Take out

罫線で区切ってタイトルとコンテンツを切り離す。

写真を大きく扱って、インパクトとメリハリを出す。

そろえられるところはそろえ、新聞の紙面のようにかっちりと整える。

ブロックで整理することで堅い印象になるため、切り抜き写真を配置してデザインに動きを加える。

\ 知りたい！ /

アプリテクニック *for* レイアウト

使用アプリ **Ai**

〈 二重線の囲みをつくる 〉

STEP 01 変形パネルから数値で入力する

□（**長方形ツール**）でアートボードのサイズの長方形をつくります。**[変形]パネル**の❶で基準点を中央でクリックし設定します。横幅を–20mmで入力します❷。高さも同様に同じ数値を入力します。

STEP 02 内側の罫線を追加する

長方形のオブジェクトを選択し、キーボードの⌘（Ctrl）+Cでコピー、⌘（Ctrl）+Fで同じ位置にペーストします。再び、**[変形]パネル**で横幅、高さをそれぞれ–5mmで入力します❸。線の太さを変更したら完成です。

ワンランク**UP**なデザインテクニック

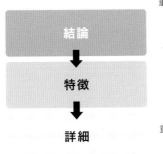

重要度
高

重要度
低

もっとも大事な情報を上に
配置するのが新聞デザインの特徴

重要度の高い順に内容を展開するレイアウト手法は、伝えたい内容を簡潔かつ素早く伝えることを可能にします。サンプルデザインでは、タイトルを最初に配置し、写真で興味をそそり、本文へ誘導する流れに設計しています。ただし、目線の誘導がスムーズすぎて内容を読み飛ばされることのないよう、ブロックごとにアクセント（溜め）を加えて注目させる仕組みをつくりましょう。

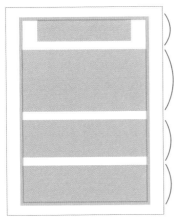

タイトル

トップ
ニュース

サブ
ニュース

広告

実際の新聞の構成を
参考にする

新聞は
❶見出し
❷トップニュース
❸その他のニュース
❹広告
で構成されています。
サンプルデザインでは、見出し→目玉情報→お店情報
という流れで構成を置き換えています。

ビジュアル

Point

新聞1ページは、横に15分割した「15段」という単位で構成されています。このグリッドに沿ってレイアウトすることで、新聞のようなかっちりしたレイアウトに仕上げることもできます。

26 ふきだしデザインを活用する

ふきだしを使ったレイアウトは、デザインに活気が生まれ楽しげな印象を与えます。複数の
ふきだしを組み合わせることにより、多人数の意見が飛び交うようなライブ感を表現する
こともできます。

印象を変える

Sale

Sale... **SALE**

ふきだしの形状によって、中に配置する文字情
報の印象が変化します。

にぎやかさを表す

複数のふきだしを配置することで、たくさんの人
の意見が飛び交う雰囲気になります。

チャット風

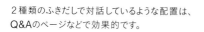

2種類のふきだしで対話しているような配置は、
Q&Aのページなどで効果的です。

アクセントにする

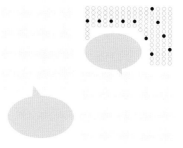

キャッチコピーや写真にあしらいとして加える
と、アクセントになります。

POINT
...

- ☑ 複数のふきだしにより、対談やSNSによるコミュニケーションのライブ感を演出
- ☑ リズムが生まれ、楽しさが表現される
- ☑ インパクトがあり、メッセージを強調できる

• SAMPLE DESIGN •

── **Who** ──		── **What** ──		── **Case** ──
20〜40代女性	×	敷居を下げて親しみやすく見せたい	×	脱毛サロンの広告

伝えたいポイントをふきだしで見せるとアクセントとなり、見る側にとっても情報が入りやすくなります。漫画のセリフに使われることから人が話しているイメージが湧き、親しみやすいデザインになります。

01　Webデザイン（SP）

02　フライヤーデザイン

03　バナーデザイン

01　コメントの発言先が明確にわかる

人物のアイコンと併用すると、誰の発言であるかがひと目で明確にわかります。ふきだしは、体験談やメッセージを表現する際に便利なツールです。

02　訴求ポイントをふきだしで伝える

文字をふきだしに入れることでリズムが生まれます。飾るように複数のふきだしを散らす場合、単調にならないようにいろいろな形状でつくります。

03　ふきだしをグラフィックとして見せる

ふきだしのみで構成し、カジュアルな印象のデザインに仕上げています。たくさんの人が発言しているようにも見え、親近感が湧きます。

SAMPLE POINT

気軽に読んでもらえるように、ゴシック体が少し崩れたような遊びのある書体を用いた。

さまざまな形のふきだしでカジュアルな印象をもたせ、親しみやすい広告に仕上げる。

ふきだしの文字に視線を集めるため、その他の文字要素はコンパクトにまとめる。

\ 知りたい! /

アプリテクニック *for* レイアウト

使用アプリ **Ai**

TECH 01 フチ文字のフチ幅を調整する

オブジェクトのように[カラー]パネルから文字にフチをつけると、文字の内側に線がつき、可読性が下がります❶。一度、[カラー]パネルで文字の[線]と[塗り]を「なし」にしたあと、[アピアランス]パネルの右上のオプションから[新規線を追加]と[新規塗りを追加]を実行します。[線]を[塗り]の下に配置して[線]の幅を調整することで❷、文字の可読性を損なわないまま、フチ幅を調整できます❸。

■ いろいろなふきだしをつくる

〈楽しいイメージのふきだし〉

◎**(楕円形ツール)**で作成した楕円に✐**(ペンツール)**でしっぽ部分のパスを描き加えます。ひとつのパスにしたい場合は、両方のオブジェクトを選択し**[パスファインダー]パネル→[形状モード]**の**[合体]**をクリックすると、パスが結合されます。

〈影をつけて印象を強める〉

オブジェクトを選択し、**[効果]**メニューから**[スタイライズ]→[ドロップシャドウ]**を選択します。数値を入力して、影を調整します。くっきりとした影にしたい場合、**[ぼかし]**を「0」にすると、オブジェクトの形そのままの影をつけることができます。

〈勢いのあるふきだし〉

◎**(多角形ツール)**で任意の多角形を作成します。ここで設定した角が多いほど、細かいトゲのふきだしができます。**[効果]**メニューから**[パスの変形]→[パンク・膨張]**を選択し、**[プレビュー]**にチェックを入れたままバーを**[収縮]**へ動かして調整します。なお、**[膨張]**へ動かすと花びらのように変形できます。

〈悩んでいるようなふきだし〉

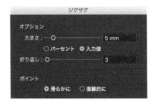

◎**(楕円形ツール)**で作成した楕円を選択し、**[効果]**メニューから**[パスの変形]→[ジグザグ]**をクリックします。**[プレビュー]**にチェックを入れ、**[ポイント]**は**[滑らかに]**を選択し、大きさと折り返しを調整します。なお、**[直線的に]**で作成すると、**[パンク・膨張]**とは違った形のトゲトゲしたふきだしをつくることができます。

27 ビジュアル
コラージュで楽しい雰囲気に

複数の素材を組み合わせてデザインするコラージュは、自由度が高くさまざまな内容に合わせた表現が可能です。ノートにスクラップしたような、にぎやかで楽しい雰囲気を与えることができます。

切り抜き写真のコラージュ

いろいろな形状の切り抜き写真をコラージュすることで、にぎやかな印象になります。

切り抜きと角版の組み合わせ

直線と曲線が混在することでデザインに動きが生まれ、メリハリがつきます。

文字のコラージュ

文字をコラージュして模様のようにデザインすることで、印象的なデザインに。

要素間にメリハリがない

どの要素に注目させたいのかがわかりづらく、読み手の視点が定まらなくなってしまいます。

POINT
...

☑ 自由度が高く、多彩な表現ができる
☑ にぎやかさと楽しさを演出できる
☑ ごちゃついてしまうので、写真のサイズに大小をつけメリハリを

• SAMPLE DESIGN •

Who		What		Case
幼い子を持つ親	×	アイテムの多さをアピールしたい	×	レンタル衣装店

紹介するグッズの豊富さをにぎやかなデザインで見せることにより、読み手の興味を惹きつけています。また、写真に動きをつけることで、にぎやかで楽しい感じも演出しています。

01 伝えたい文字情報は 埋もれないよう意識する

にぎやかな印象にしたいため、サイズの異なる切り抜き写真を配置して楽しげなイメージの紙面に。文字情報が埋もれないように、タイトルにベタの囲みを使いメリハリをつけています。

02 ポイントを絞って にぎやかさを出す

1ページが長いウェブページでは、コラージュするポイントを絞ってデザインします。ここではキービジュアルにコラージュデザインを用いて、ファーストビューで楽しい雰囲気を演出しています。

03 写真の点数を絞ってコラージュする

バナーのような小さいサイズの媒体は、コラージュする写真の点数を絞り、伝えたい文字情報が埋もれないように気をつけましょう。写真に白いフチを入れると、切り抜いてスクラップしたようなデザインに仕上げることができます。

<u>02</u>　Webデザイン

<u>01</u>　DMデザイン

<u>03</u>　バナーデザイン

文字情報が埋もれないように、背景にベタ色を敷く。

色合いが偏らないよう、明るさや色みのバランスを見ながら配置。

拡大写真を対角線上に配置すると、デザインのバランスがとれる。

＼ 知りたい！ ／

ワンランクUPなデザインテクニック

図版率を高めてにぎやかにする

全体における図版の面積を百分率で示したものを「図版率」といいます。文字のみで構成された図版率は0％、全面への写真配置は100％と考え、この図版率を調整することでデザインの持つ印象をコントロールすることが可能です。図版率が低いと落ち着いたデザインになり、配置する点数を増やして図版率を高めるほど、にぎやかで元気な印象のデザインになります。

図版率が低い

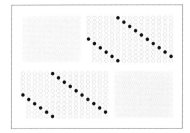

落ち着いたデザインに仕上がります。

図版率が高い

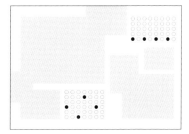

にぎやかで元気な印象に仕上がります。

アプリテクニック *for* レイアウト

〈 背景を残してハサミで切ったような印象で切り抜く 〉

STEP
01 パスを作成する

✐（ペンツール）を選択し、写真の輪郭の外側に沿うようにクリックしてパスを打っていきます。

STEP
02 ハサミで切ったように切り抜く

パスで囲んだら、[パス]パネルで[パスを選択範囲として読み込む]❶をクリックし選択範囲を読み込みます。❷[レイヤーマスクを追加]をクリックすると、ハサミで切ったような形に切り抜かれます。

〈 余白を均等に切り抜く 〉

STEP
01 パスを作成する

✐（ペンツール）を選択し、写真の輪郭に沿うようにクリックしてパスを打っていきます。パスで囲んだら、[パス]パネルで[パスを選択範囲として読み込む]❶をクリックし選択範囲を読み込みます。

STEP
02 余白を均等に切り抜く

[選択範囲]メニュー→[選択範囲を変更]→[拡張]を選択し、[拡張率]❷を設定します。[レイヤーマスクを追加]❸をクリックすると、余白を均等に切り抜けます。

28 ビジュアル
インフォグラフィックで視覚的に伝える

インフォグラフィックは、データや統計など文字情報だけでは理解するのに時間がかかるコンテンツを、視覚的に伝えられる手法です。多くの情報がひと目で伝わるデザインをつくることが可能です。

データを並べただけのレイアウト

日本人男性の平均身長
170 cm

日本人女性の平均身長
158cm

統計などの生データをただ並べるだけでは、読み手の関心は低くなります。

インフォグラフィックを用いたレイアウト

日本人の平均身長

シンボリックな図版に落とし込むことで、視覚的に情報が伝わるようになります。

アイコン

簡単な絵柄で事物を記号化したアイコンも、インフォグラフィックのひとつです。

ピクトグラム

文字情報がなくても、絵だけで情報が伝わるようにデザインされたインフォグラフィックです。

POINT
...

- ☑ ひと目で内容を伝えることができるビジュアルを使う
- ☑ チャートなどのデータは正確さが重要
- ☑ 論理的なイメージになりがちなので、デザインの一部を崩してやわらかさを

• SAMPLE DESIGN •

Who		What		Case
20~30代男女	×	グラフをビジュアル化して見せたい	×	アンケート結果

詳細な説明がなくてもひと目で内容が伝わるように、図版をインフォグラフィック化してわかりやすくレイアウトしています。数字などの情報はしっかりと目立つように入れると、イラストと情報がリンクしやすくなります。

01　直感的なグラフィックは伝わりやすい

プレゼン資料などは、口頭で細かく説明するよりも、図やイラストを使うと直感的に情報をわかりやすく視覚的に表現することができ、聞き手にスムーズに伝える助けをしてくれます。曖昧にならないように地図に引き出し線を加え、正しい位置や数字を示すようにしましょう。

02　各情報をモチーフにしたピクトグラムを配置

データを示す図版は論理的で堅い印象になりやすいので、イラストを使ってやわらかい雰囲気を加えると、より親しみやすく興味を惹くデザインになります。読み飛ばされそうな情報も、イラストなどの図版によって、見ていて楽しいデザインに仕上げています。

01　スライド資料

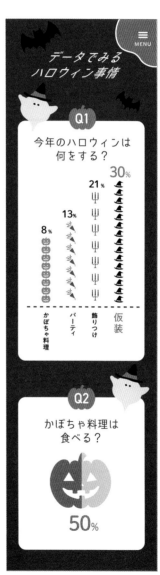

02　Webデザイン（SP）

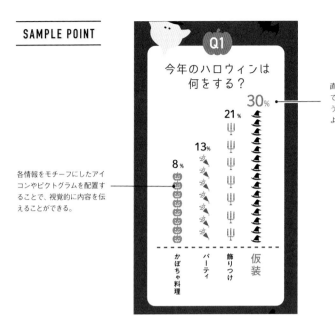

直感的な表現とのバーターで情報が曖昧にならないよう、正しい位置や数値を示すように注意する。

各情報をモチーフにしたアイコンやピクトグラムを配置することで、視覚的に内容を伝えることができる。

\ 知りたい！ /

アプリテクニック *for* レイアウト

使用
アプリ Ai

〈 グラフツールで簡単にグラフをつくる 〉

STEP

01 グラフの種類を選ぶ

[グラフ]ツール❶からグラフの種類を選びます。円グラフを例に解説します。アートボード内をクリックし、グラフのサイズを設定します。

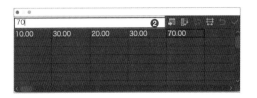

STEP

02 グラフの設定をする

グラフデータを入力するウィンドウが開くので、各数値を入力します❷。棒グラフの場合、表のいちばん左の列が、グラフの横軸を表し、表の2列目がグラフの値を表します。

╲ 知りたい！ ╱
ワンランクUPなデザインテクニック

情報を正確にインフォグラフィック化する

ビジュアルを意識するあまり、省略してもよい情報と厳密に伝えるべき情報の選択を間違えないように注意しましょう。データなど重要な情報を曖昧にしてしまうと、インフォグラフィックとして成立しなくなってしまいます。また、盛り込む要素を増やしすぎても、情報過多になり読み手の混乱を招きます。数字や場所、割合など、伝えたい情報の核となる部分を見極め、正確なインフォグラフィックをつくり上げましょう。

模様を入れる

色や模様を入れることによって、境界がはっきりしてわかりやすくなります。

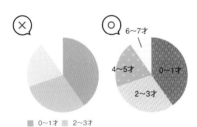

文字情報で補足する

文字を入れれば、目で追う必要がなくなり、伝えたい情報を素早く届けることができます。

Type	身長（cm）
A	132
B	140
C	128
D	136

Type	身長（cm）
A	132
B	140
C	128
D	136

色で補足する

ぱっと見て理解しやすいよう色で補足し、目線が迷子にならないようにします。同じ系統の色味を使い濃淡で変化を加えると、まとまりやすくなります。

29 ターゲット
対象に合わせて書体を選ぶ

同じコンテンツでも、明朝体やゴシック体といった書体の選び方によって印象は大きく変わります。ターゲット、目的、媒体が3つ合わさったときにどの書体を選ぶと効果的なのか、実際の例を比較して見てみましょう。

基本イメージ

明朝体

ゴシック体

女性らしさ
上品

男らしさ
カジュアル

個性や主張が強すぎず汎用性が高いため、多くの場面で活用されます。基本的にはやわらかい印象になりますが、書体によって「和」や「大人びた」「硬さ」などのイメージを強めることもできます。

力強さを感じさせるゴシック体は、デザインに重みを持たせます。迫力を出したいときによく用いられますが、細いウェイトでゆったりと組むと、繊細で機械的な印象を与えることもできます。

思考の流れ

題材	ターゲット	伝えたい内容	どのように訴求するか
Case	Who	What	How

題材からイメージを膨らませていきます。まずは誰に伝えたい内容なのかを設定します。次に具体的に何を伝えたいのか、ポイントをどこに絞るかを明確にします。ターゲットによって強調するポイントが変わるので、どのようなデザインがいちばん魅力的に伝わるのかを考えます。デザインのイメージが固まれば、おのずと適した書体やビジュアルの見せ方が決まります。

POINT
...

- ☑ 書体の持つイメージを理解して効果的に使う
- ☑ 内容を整理してターゲットを明確にしてから書体を選ぶ
- ☑ 基本イメージと異なる使い方でインパクトを持たせることも

書体の選び方

内容から、何をアピールポイントにするかを検討します。同じ題材でも注目を集めたい項目や目的によって、ターゲットへの見せ方は変わってきます。ビールの広告を例にして、2パターンのデザインを考えてみます。

Case
ビールの広告

Who	**Who**
品質にこだわりのある消費者	お酒好きの社会人

What	**What**
上質なビールを味わってほしい	がんがんビールを飲んでほしい

How	**How**
余白を広めに取った 高級感のあるレイアウト	勢いを持たせた 迫力のあるレイアウト
+	**+**
Image	**Image**
プレミアム感・上品さ	おいしいビールの爽快感・迫力

明朝体	ゴシック体
ベーシックで上品な明朝体	力強い、太めの角ばったゴシック体

セリフ体とサンセリフ体

欧文書体にも大きく分けて2つの分類があります。日本語の明朝体にあたる「セリフ体」は、文字の先端に飾りのある書体です。上品さやクラシカルなイメージを与えます。ゴシック体にあたる「サンセリフ体」は飾りがなく、シンプルな印象を与える書体です。和文と欧文が混在する場合、明朝体とセリフ体、ゴシック体とサンセリフ体を組み合わせると、統一感のある文字組みになります。

〈セリフ体〉

A A A

〈サンセリフ体〉

A A A

ターゲット

• SAMPLE DESIGN •

Who		What		Case
品質にこだわりのある消費者	×	上質なビールを味わってほしい	×	ビールの広告

それぞれの要素に余白を取り、落ち着いたレイアウトにすることで、高級感を高めています。使用する色数は抑えて落ち着いた印象にまとめ、字間をゆったりと空けることで、プレミア感を強めています。

Step.1 訴求ポイントを考える

■ 商品の特別感を強調
■ 高級で上品なイメージ

要素を詰め込みすぎず、空間を広く使うことで、高級感あふれるデザインにします。受け手へのメッセージを「特別なビール」という1点のみに絞ることで、商品の上質さが伝わりやすくなるだけでなく、全体的にすっきりとした印象にまとまります。

Step.2 見せ方を計画する

朗すぎる書体では可読性が低くなるため、注意が必要です。

余白の多いデザインの中に小さく文字を配置することで、贅沢な空間を感じさせるデザインをつくります。日本語のキャッチコピーには明朝体を、欧文の商品名にはセリフ体を使用して全体に統一感を持たせます。優雅な印象の筆記体をあしらってやわらかさを加えつつ、整然と字間を広めに文字を配置し、ゆとりのある特別感を演出しています。

• SAMPLE DESIGN •

── Who ──		── What ──		── Case ──
お酒好きの社会人	✕	がんがんビールを飲んでほしい	✕	ビールの広告

大きく配置したゴシック体のキャッチコピーで、写真の勢いをさらに強めて印象づけています。色数を増やしすぎると視線の行き先が散らかってしまうため、ある程度に絞って落ち着きを持たせることで全体のバランスが整います。

Step.1　　**訴求ポイントを考える**
　　■ 商品による爽快感を強調
　　■ 勢いのあるイメージ

受け手に爽快感と親しみを感じさせ、商品の購買意欲をそそるデザインにします。夏の暑さを象徴するような勢いをつけたあしらいにすると、相乗効果でのどの渇きを感じさせることもできます。

Step.2　　**見せ方を計画する**

> 字間を空けすぎると間延びした印象を与えてしまいます。

ゴシック体のキャッチコピーに右上がりの傾きをつけ、勢いを持たせます。字間をあまり空けずに力強さを強調し、文字の大小で動きをつけます。ジャンプ率を高めてメリハリをつけ、文字のインパクトを強めます。また、使用色の数を抑えて文字要素をまとめ、より迫力のあるデザインに仕上げます。

30 子ども向けのデザインをつくる

ターゲットが子どもの場合、情報を盛り込みすぎず、シンプルにまとめることを心がけます。切り抜き写真やイラストを配置した動きのあるレイアウトと、カラフルな色使いで好奇心や興味を惹きつけます。

ターゲットの傾向

- 内容（情報）よりビジュアル（見た目）で興味を示す
- カラフルな色使い（原色系）を好む
- にぎやかで楽しい雰囲気が効果的

使用するビジュアルはインパクトを重視して選び、見せ方にも工夫を凝らして注目を惹きつけましょう。原色などのカラフルな色使いと、動きのあるレイアウトを意識して配置します。多くの情報を入れるより、伝えたい部分に絞ってわかりやすく伝わりやすいデザインを心がけます。スペースを目一杯使用してデザインし、楽しげな雰囲気を演出します。

イメージする色

| C 0 |
| M 100 |
| Y 100 |
| K 0 |

| C 70 |
| M 15 |
| Y 0 |
| K 0 |

| C 0 |
| M 10 |
| Y 90 |
| K 0 |

| C 75 |
| M 0 |
| Y 100 |
| K 0 |

色みのはっきりした原色をカラフルに使うことで明るく元気な印象を与え、楽しい雰囲気を演出することができます。

好まれる書体

あ
じゅん

あ
はせトッポ

A
Arial Rounded

A
Chalkboard

ころんとした丸みのある書体や、手書き風の書体など、ポップな印象のものが好まれます。動きのあるフォントは元気の良さを表現できます。

POINT
...

- ☑ 切り抜き写真やイラストのシェイプで動きを出す
- ☑ カラフルな色使いで元気で楽しげな印象を
- ☑ リズミカルなレイアウトでにぎやかさを演出する

• SAMPLE DESIGN •

Who		What		Case
小学生	×	楽しさやワクワク感を抱かせたい	×	子ども向けメニュー

子どもの興味を惹くため、にぎやかで楽しげな印象に仕上げます。カラフルな色使いや動きのある要素、かわいいイラストを用い、子どもらしいわんぱくさを表現しています。

1文字ずつ角度と高さを変えると動きのある文字組みとなり、リズミカルなデザインになる。さらに1文字ずつ色を変えるとよりポップな印象になる。

料理名をアーチ状にして動きを出す。写真に沿わせると関連性が伝わりやすい。

子どもが読みやすいよう、文字のサイズに配慮する。漢字がある場合はルビを振る。

金額などの小さめの文字に動きのある書体を使うと読みづらくなるため、ベーシックなフォントを使うとよい。ここでは全体のデザインに馴染むよう丸みのあるゴシックを使用している。

絵本にあるようなかわいらしいタッチのイラストは、親近感を抱かせることができる。

Step.1 訴求ポイントを考える

■ 選ぶ楽しさ・ワクワク感を与える
■ 楽しく元気なイメージ

子どもの目にとまりやすくするために、明るく楽しげなデザインにします。メニューを選ぶ際にワクワクする気持ちを感じさせ、食べたい欲求を高めることを目指しています。

Step.2 見せ方を計画する

メインとなる料理の写真は、切り抜いて大小の変化をつけると画面に動きが出ます。先に写真とタイトルを配置し、隙間を他の要素で埋めていきましょう。にぎやかさを演出する方法として、大きい文字にデザイン性のある書体を使うと、目を引くポイントになります。小さめに配置する金額や注意書きなどの保護者に読ませたい部分は、ベーシックな書体を用いるとデザイン書体とのメリハリがつきます。

ターゲット

シニア向けのデザインをつくる

ターゲットがシニアの場合、嗜好だけでなく視力の低下、色の見え方などへの配慮も重要になります。細かな操作が必要となることは苦手な傾向にあるため、ウェブデザインでは操作性の観点でもボタンの位置などに工夫が必要になってきます。

ターゲットの傾向

- 加齢による色覚の変化で見えにくい色がある
- 視力が低下するため、見るスピードもゆっくり
- わかりやすいシンプルな構成を好む

視力が低下して文字を読むスピードもゆっくりになるため、情報を詰め込みすぎない・わかりやすい構成を心がけましょう。加齢による色の見え方も変化してくるため、視認性を意識したり、文字の太さや行間などに配慮した文字組みを設定しましょう。

イメージする色

C 100 M 50 Y 100 K 0	C 3 M 90 Y 100 K 30
C 70 M 80 Y 25 K 25	✕

コントラストが強く落ち着いた色が好まれます。年齢を重ねると、色覚が低下し、黄色・灰色・青紫系が見づらくなったり、明度の違いがはっきりとわからなくなったりします。

好まれる書体

ロダン

あ
UD明朝

A
Times New Roman

A
DIN

線の太さが均一で、シンプルな形のゴシック体は視認性が高く見出しによく使われます。また長文を読ませる場合は、線の強弱がありはねやはらいがあることで文字の形を判別しやすい明朝体がおすすめです。

POINT
...

- ✓ 視力が衰えるため、文字の大きさは通常よりも1.5倍ほど大きく
- ✓ 文字の太さ、フォントの種類、行間などに配慮する
- ✓ 写真や図などを使って視覚的にもわかりやすい工夫を

• SAMPLE DESIGN •

Who		What		Case
50～70代男女	×	購買意欲を高めたい	×	宅配食材

背景色とのコントラストを
強めるため、文字は大きめ
にレイアウトしています。
また、理解の補助にならな
い過剰な装飾は混乱を招
くだけなので、シンプルな
デザインで構成しています。

可読性が失われるので
過剰な装飾は避ける。

イメージ写真を大きく
見せて注目を集める。

行間を広めに確保す
ることで可読性を担保
し、意味が変るところ
で改行すると読解の
手助けとなる。

Step.1	**訴求ポイントを考える**

- 商品内容をわかりやすく見せたい
- 健康的なイメージ

新鮮でおいしい食材というコンセプトが伝わるよう、装飾を抑えめにシンプルな構成で設計します。文字の
大きさや色にも配慮したユニバーサルデザインを心がけます。

Step.2	**見せ方を計画する**

イメージ写真を大きく見せて注目を集め、新鮮な印象を与えるような
レイアウトにします。文字と背景の色のコントラストを高め、視認性を
意識します。文字サイズは大きめにしっかり見えるように考慮します。
デザインは、過剰な装飾によって可読性が失われる可能性があるので、
あしらいはポイントに絞ってシンプルにまとめましょう。

32 ターゲット 女性向けのデザインをつくる

ターゲットが女性の場合、単純にピンクで可愛らしくまとめればよいというわけではありません。ファッションの好みが人それぞれであるように、具体的な人物像をイメージし、デザインをつくり込むことで、受け手の興味を惹きつけます。

ターゲットの傾向

- 感性や表現力が重視され、デザインを感じ取る傾向が強い
- ビジュアルの雰囲気で興味を示す
- 可愛らしい装飾などを加えた華やかなデザインが好まれる

ターゲットの具体的なイメージが決まったら、年配の女性なら読むであろう雑誌や、若い女性ならウェブサイトやSNSの画像を集め、使われている色彩やあしらい、レイアウトなど好まれるデザインテイストを研究しましょう。

イメージする色

C 0 M 50 Y 20 K 0	C 35 M 45 Y 0 K 0
C 35 M 0 Y 25 K 0	C 0 M 0 Y 40 K 0

たとえばピンクをメインカラーにする場合、甘くて淡いナチュラルピンクや、凛とした雰囲気のくすませたピンク、元気でポップなピンクなど、ターゲットの年代やテイストに合わせて色を絞ります。

好まれる書体

丸フォーク　　　　　　しまなみ

ChopinScript　　Academy Engraved

「丸み」「線の細い」フォントでやわらかさを感じさせたり、美しい飾りのあるフォントがよく合います。ゴシック体を使う場合は、ごつくならないようウェイトの細いもののほうが、繊細さを表現できます。

POINT
...

- ☑ 曲線や丸みを取り入れるとやわらかさが出て効果的
- ☑ 同系色でまとまりがある配色で優しい印象に
- ☑ 「丸み」「線の細い」フォントでしなやかさを表現

• SAMPLE DESIGN •

— Who —		— What —		— Case —
20〜30代女性	×	共感を高めて購買につなげたい	×	ヘアケアブランド

ふわっとした雰囲気の写真に、淡い背景でやさしい印象を与えつつ、丸く型取られた写真や曲線の文字の配置でよりやわらかさを強調しています。文字のデザインも線が細くて曲線の多いフォントを使用し、装飾で華やかさを強めています。

パステルの淡い色でまとめ可愛らしさとやわらかさを演出。

飾り文字を入れて雰囲気を出す。

丸く型どって、曲線的に。ふわっとした淡い光源で撮影した写真を使用し、やわらかさを出す。

女性的な線の細いフォントを使い、文字間をあけゆったりと組む。曲線に配置し、しなやかさを表現。

切り抜き写真にフチをつけて装飾的にし、傾けて動きをつける。

Step.1　　**訴求ポイントを考える**

■ 共感を感じさせる
■ やわらかくしなやかなイメージ

スペック情報よりもビジュアルを優先する傾向にあり、雰囲気のあるイメージ写真に目が行くよう、写真を大きめに配置します。整然としたレイアウトはかっちりした印象になる傾向があるので、写真を型取ったり、傾けたりして動きを出します。またストーリーや感情に共感する傾向もあり、キャッチコピーの見せ方やビジュアル選びでも意識しましょう。

Step.2　　**見せ方を計画する**

曲線のラインが多い円形に型抜いた写真をレイアウトします。雰囲気を重視する傾向にあるので、具体的なビジュアルよりも、イメージ的な写真を大きく打ち出しましょう。文字も写真のカーブに沿って配置して、やわらかさを演出します。

男性は情報処理が得意で論理的な思考が強く、プロセスよりも結果や解決を求める傾向があると言われます。そのため、商品であればストーリーよりも、スペックや金額などの実用性・機能性などを重視します。ストレートな表現やシンプルでわかりやすいレイアウトが好まれます。

ターゲットの傾向

- シンプルで無駄の少ないレイアウトが好まれる
- スペックなどの実用的な情報を重視する
- 直線的なラインが好まれる

求めているものを短時間で見つけたい傾向にあるため、斬新なデザインや構成よりも、ベーシックなレイアウトやデザインが好まれます。また、直線的なレイアウトは力強さやスマートさ、カッコ良い印象に感じるため、デザインに採用される傾向があります。

イメージする色

C 90 M 70 Y 0 K 50	C 0 M 0 Y 0 K 100
C 20 M 0 Y 0 K 70	C 40 M 100 Y 80 K 30

明度を抑えたグレイッシュトーンやダークトーンのコントラストが強い色を好む傾向にあります。色数も少なく、1〜2色でシンプルに配色します。

好まれる書体

あ
ゴシックMB101

あ
見出ゴMB31

A
Helvetica

A
Oswald

丸みが少ない直線的なゴシック体が多くみられます。また、大きめの字形でしっかりはっきり読める太いフォントのインパクトに惹きつけられる傾向があります。

POINT
...

- ☑ 装飾が少なくシンプルさと伝わりやすさを重視
- ☑ コントラストの強い色を好む傾向がある
- ☑ 直線的なレイアウトで力強さを感じさせる

• SAMPLE DESIGN •

Who		What		Case
20〜30代男性	×	シンプルに商品を伝えたい	×	化粧品ブランド

大きめの断ち落とし写真、その下部に文字情報とわかりやすくシンプルな構成で見せています。斜線のデザインや直線的なフォントを使い、シャープな印象を出しています。

大きめの断ち落とし
写真でインパクトの強
い印象に。

装飾的な要素は少な
く、簡潔でシンプルな
デザイン。

直線的な斜めのライン
でシャープな印象に
演出。

明度を抑えたコントラ
ストの強い色でクー
ルな印象に。

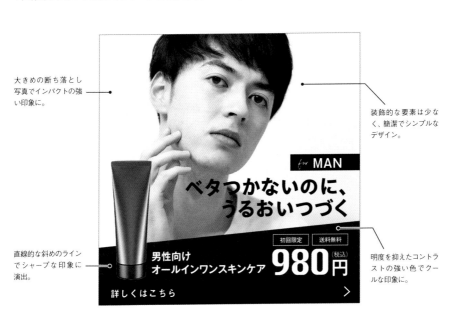

for MAN

ベタつかないのに、
うるおいつづく

初回限定　送料無料

男性向け
オールインワンスキンケア

980円（税込）

詳しくはこちら　＞

Step.1	訴求ポイントを考える

■ わかりやすい構成
■ クールなイメージ

「何の広告か」「商品のポイントはどこか」が一瞬で伝わるようなシンプルでスッキリとした印象を与えることが重要です。情報量を抑えて、キャッチコピーを大きく強めにするなど、ストレートにレイアウトすると伝わりやすいでしょう。

Step.2	見せ方を計画する

写真を大きく見せて注目を集め、力強い印象を与えるようなレイアウトにします。使用する色数は抑えめにして、落ち着いた印象も演出します。文字要素の書体はクールさを感じさせるシンプルで太めのフォントを使用し、読みやすくしっかり目に留まるよう目立たせます。

ビジュアルの違い

配色の好みと同様に、ビジュアルの嗜好も性別によって若干分かれる傾向があります。

コントラスト

女性向け

全体に淡くふわっとしたコントラストの弱いビジュアル
が好まれます。

男性向け

キリッとメリハリのあるコントラストの強いビジュアルが
好まれます。

色味

女性向け

黄色味が強めで、明度もやや高めの色味が、ふわっと
したやさしい印象を与え支持されます。

男性向け

青味が強めで、低彩度な色味が、スタイリッシュな雰
囲気を感じさせ支持されます。

被写体

女性向け

ストーリー性や雰囲気が重要で、商品がはっきり写っていなくてもOKです。

男性向け

わかりやすさを重視するため、何の写真なのかが明確に伝わるものが好まれます。

形

女性向け

しなやかな印象が強い、曲線・流線形の被写体を含んだビジュアルを選ぶとよいでしょう。

男性向け

力強さやクールな印象の直線的な被写体をビジュアルに含めるとよいでしょう。

デザインの豆知識

ついうっかりやりがちなミス。入稿やサイト公開前に必ず注意すべきポイントを紹介します。

〈 DTP編 〉

01 オーバープリント

印刷ではK→C→M→Yとインキを順番に重ねていきます。4つの版が同じ位置で重ならない状態を版ズレといいます。わずかなズレでも、白い隙間が目立つため、スミベタ（K100％）で作成された部分は「オーバープリント」の設定を行います。オーバープリントを使用すると、白い隙間の発生を防ぐことができます。いちばん上に重なったインキがその下のインキに対して透明になるようにできます。Illustratorでは、オーバープリントにしたいオブジェクトを選択し、[属性]パネルで[塗りにオーバープリント]や[線にオーバープリント]にチェックを入れます。

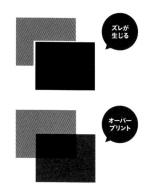

ズレが生じる

オーバープリント

02 印刷の「黒」の使い分け

印刷における「黒」には、「スミベタ」「リッチブラック」「4色ベタ」の3つの種類があります。印刷の際、スミベタは版ズレを防ぐために「オーバープリント」処理されるため、写真やオブジェクトの上に載せた場合、色が混ざって背景が透けてしまう現象が起きます。そこで、リッチブラックの処理を行うことにより、背景が透けてしまうのを防ぐことができます。4色ベタはインク濃度が高すぎてインクの乾きが遅くなったり、紙同士がくっついてしまい、その後の工程で用紙をはがす際に、印刷面がはがれて傷がついてしまうことがあります。このようにトラブルが起きやすくなるのでおすすめできません。黒を設定する際は、それぞれの特徴を生かした使い分けをするようにします。

スミベタ

細い文字や線などは、くっきりと仕上がります。背景の色が透けてしまう現象が起きます。

C 0%
M 0%
Y 0%
K100%

リッチブラック

より深みのある黒が表現できます。細い文字や線などは、にじんで見えてしまうため、あまり適しません。

C 40%
M40%
Y 40%
K100%

4色ベタ

インクを大量に使うため、トラブルの原因に。

C100%
M100%
Y100%
K100%

03 線の注意点

罫線を引いたり、オブジェクトを配置する際に気をつけたいことのひとつが、線の幅です。確実に印刷できる線幅の目安は、一般的に0.1mm（0.3pt）とされています。0.1mm以下の細い線だと、かすれてしまったり、印刷されないなどトラブルの原因になりかねません。そのため線幅は0.1mm未満にならないように設定します。

線幅0.5mm
線幅0.35mm
線幅0.25mm
線幅0.1mm
線幅0.05mm
線幅0.01mm

〈 Web 編 〉

０４ 商用利用か確認する

素材サイトなどで使用した素材を使ってデザインした場合、知らないうちに著作権を侵害している可能性があります。フリー素材とは無料で何にでも使用できる素材という意味ではありません。素材をダウンロードするとき、『商用利用』と書かれているのをよく目にすることがあるでしょう。それは、利益目的の利用OKということ。ただし、商用利用可の場合でも、一部使用制限がある場合もあるので、素材サイトの利用規約をよく読んでから使用しましょう。

０５ 実は地図も著作物

実は地図も著作物であり、著作権の保護の対象にあたります。マップをスクリーンショットしてウェブサイトに貼りつけると著作権侵害になります。たとえばGoogleマップを使いたい場合は、埋め込み機能を利用するようにしましょう。

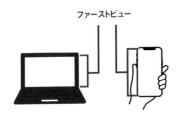

ファーストビュー

０６ ファーストビュー

ウェブページにアクセスした際に、いちばん最初の画面に表示される部分のことを『ファーストビュー』といいます。ウェブサイトでは、ユーザーがページにアクセスして3秒で離脱するかしないかが決まると言われるほど、ファーストビューは重要です。ターゲットは誰なのか、メッセージは何か、求めている情報があるのか、ファーストビューだけでも伝わるレイアウトを心がけます。

０７ 使用する画像サイズ

意識せずに配置した画像の容量が非常に重い場合があります。容量の重い画像を多用するとページの表示速度が著しく低下して、ユーザーの離脱につながってしまいます。ページの表示速度が遅いと検索結果の順位にも影響してしまうので注意が必要です。

ドキュメント設定

台紙

[ファイル]メニューから[新規]を選択し、新規ドキュメントウィンドウを開きます。幅と高さ、方向、裁ち落とし、カラーモードを設定します。設定後、[作成]ボタンをクリックすると台紙が表示されます。紙媒体の場合はトンボの設定も必要になるので、ひと回り大きくとりましょう。たとえばA4サイズの仕上がりならB4サイズに設定します。

アートボード

📄(アートボードツール)を選択し、ウィンドウをマウスでドラッグすることでひとつのドキュメントに複数のアートボードを作成できます。アートボードのサイズに応じて、ひとつのドキュメントあたり1〜100個を使用可能です。ページ数が多いデータでアートボードを活用するとPDFを書き出す際に便利です。

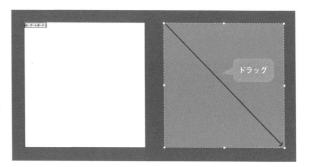

カラー設定

[ファイル]メニューの[ドキュメントのカラーモード]から[CMYKカラー]もしくは[RGBカラー]を選択できます。

▶ カラーモードの基本

一般的に、紙媒体ではCMYKを、ウェブ媒体ではRGBを選択します。紙媒体の場合、裁ち落としは天地左右3mmずつとります。

トンボの作成

画像やオブジェクトを裁ち落としで配置する場合、トンボを作成しておくと作業しやすくなります。□(長方形ツール)でアートボードと同サイズの四角をつくり、[オブジェクト]メニューから[トリムマークを作成]をクリックしてトンボを作成します。

マージンの設定

レイアウト作業の前に、マージンのガイドライン
を作成すると便利です。まず、□(**長方形ツール**)
でアートボードと同サイズの四角をつくります。
次に[**変形**]**パネル**の基準点の中心を選択しま
す。10mmずつ余白を取りたい場合、長方形ツー
ルで作成したオブジェクトの幅を−20mm、高さ
を−20mm小さくします。次に[**表示**]**メニュー**か
ら[**ガイド**]→[**ガイドを作成**]を選択すると、オ
ブジェクトがガイドに切り替わります。これをも
とにマージンを設定してレイアウトしていきます。

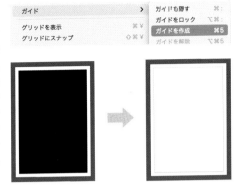

画像

画像をリンクする

[**ファイル**]**メニュー**から[**配置**]を選択すると
配置ウィンドウが開きます。配置したい画像
を選択し、[**配置**]ボタンをクリックして画像
を配置します。

画像の大きさを変える

⌕(**自由変形ツール**)を選択し、四隅のバウン
ディングボックスをドラックすることで画像の
大きさを変えることができます。このとき shift
キーを押していないと、画像の縦横比が保たれ
ません。また、画像を選択して、さらに🔲(**拡大／
縮小ツール**)をダブルクリックすると表示される
[**拡大・縮小**]**パネル**では、任意の数値を直接入
力して、画像の大きさを変更できます。

リンク画像の管理

[**リンク**]**パネル**からドキュメントに配置された画
像の一覧が確認できます。パネルの下にある📎(**リ
ンクへ移動**)をクリックして、一覧からリンク先の
画像を直接選択することもできます。✏(**オリジナ**

ルを編集)をクリックするとPhotoshopなどの連
動アプリケーションが起動し、画像データを編集
することも可能です。

オブジェクト

塗りと線

[ツール]パネルから.**■(塗りと線)**を選択し、それぞれの色を設定できます。線は**[線]**パネルから太さや形を設定できます。破線を作成する場合、**[破線]**にチェックを入れ、**[線分と間隔の正確な長さを保持]**に数値を入力します。

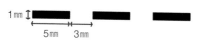

移動

移動させたいオブジェクトを選択し、**[オブジェクト]**メニューから**[変形]**→**[移動]**で距離や角度の数値を設定して移動することができます。**[コピー]**をクリックして複製できます。

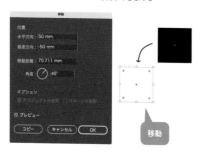

選択

[選択]メニューの**[共通]**から条件を選び、該当するものだけをまとめて選択できます。たとえば同じ色のオブジェクトを選択したい場合、**[カラー(塗り)]**をクリックします。同じ色の線のみ選択したい場合は**[カラー(線)]**をクリックします。

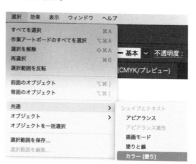

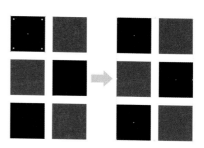

隠す

オブジェクトを選択し、**[オブジェクト]**メニューから**[隠す]**→**[選択]**をクリックすると選択中のオブジェクトを非表示にできます。複雑に重なり合ったデザインを扱う際などに重宝する機能です。

[ショートカットキー]

⌘ (Ctrl) + 3

レイヤー

新規レイヤーを作成

[レイヤー]パネルの下にある⊞(新規レイヤー
を作成)をクリックすると、新規レイヤーが
作成されます。文字や画像など用途別にレイ
ヤーで分けて管理できます。

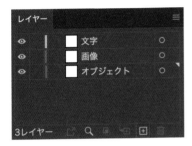

表示の切り替え

レイヤーごとに表示、非表示の設定ができま
す。[レイヤー]パネルの左側にある目の形を
したアイコンをクリックして切り替えを行い
ます。

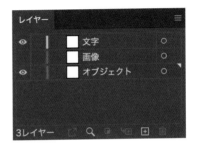

ロックを切り替え

レイヤーごとにロックのON/OFFができま
す。[レイヤー]パネルの左側のスペースをク
リックして切り替えます。鍵のマークが表示
されていると、そのレイヤーにあるオブジェク
トはすべてロックされて操作できません。

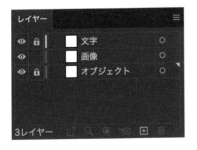

レイヤーの移動

レイヤーを選択しドラッグ&ドロップするこ
とでレイヤーの重なり順を変更することがで
きます。上のレイヤーにあるオブジェクトが前
面に表示され、下のレイヤーが背面になりま
す。

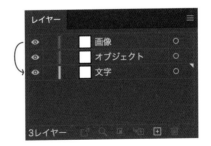

レイヤーの結合

キーボードの⌘(Ctrl)キーを押しながらまとめた
いレイヤーを選択し、[レイヤー]パネル右上のオ
プションから[選択レイヤーを結合]をクリックす
るとひとつのレイヤーにまとめることができます。

切り抜き

【 明度差がある素材 】

[色域指定]で選択範囲を
作成し切り抜く

切り抜きたい部分と、それ以外の部分に明度差があり、背景に余計なものがあまり写っていない場合は、[色域指定]を使って選択範囲を作成します。[選択範囲]メニューから[色域指定]を選択し、スポイトで選択したい部分を選びます。shiftキーを押しながらクリックすると、範囲を追加できます。[許容量]を調整しながら設定しましょう。ほかに、[自動選択ツール]、[クイック選択ツール]、[マグネット選択ツール]などもあります。素材に応じて使い分けます。

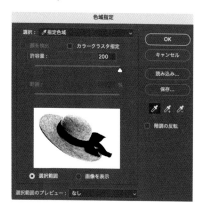

【 複雑なシルエットの素材 】

アルファチャンネルを
使って切り抜く

人物の髪の毛など、細かく複雑なものは、[アルファチャンネル]を使って切り抜きます。[チャンネル]パネルを開き、コントラストが強いチャンネルを選んで複製します(髪の毛の場合、ブルーチャンネルの率が高い)。チャンネルを選んでレベル補正やトーンカーブを駆使して、コントラストを調整します。切り抜きたい部分のみ黒くなるように (ブラシツール)で顔など白く残っている箇所を塗りつぶし、(焼き込みツール)で髪の毛のハイライトを消しましょう。調整したチャンネルを (Ctrl)キー＋クリックすると選択範囲が作成されます。

【 大まかなシルエットの素材 】

パスをつくって切り抜く

直線や曲線などを含みながらもおおまかなシルエットのものは (ペンツール)でパスを作成するときれいに切り抜けます。(ペンツール)を選択し、輪郭線の少し内側をなぞります。ハンドルで曲線の角度を変化させて、パスで囲みましょう。

選択範囲

レイヤーから選択範囲を読み込む

[レイヤー]パネルでレイヤーサムネイルを⌘(Ctrl)キー＋クリックします。

パスから選択範囲を読み込む

[パス]パネルでパスサムネイルを⌘(Ctrl)キー＋クリックします。

選択範囲を追加する

選択範囲を作成した状態で、shiftキーを押しながら選択ツールで新たに追加したい範囲を選択します。

選択範囲の境界をぼかす

選択範囲を作成した状態で、[選択範囲]メニューから[選択範囲を変更]→[境界をぼかす]を選択して数値を設定することで、境界線をぼかしてグラデーションのように見せることができます。

新規レイヤーに選択範囲内をコピーする

コピーしたいレイヤーに選択範囲を作成し、⌘(Ctrl)＋Jキーを押すと、新規レイヤーに選択範囲のみがコピーされます。

レイヤー操作

「背景」をレイヤー化する

「背景」レイヤーはロックされているため「描画モード」の変更や、フィルター効果をかけることができません。[レイヤー]メニューから[新規]→[背景からレイヤーへ]を選択することで、編集できるようになります。

複数のレイヤーを結合する

複数のレイヤーを[レイヤー]パネルメニューからひとつに結合することができます。[レイヤーを結合]は選択したレイヤーのみを統合し、[表示レイヤーを結合]は表示しているレイヤーすべてを統合します。[画像を統合]はすべてのレイヤーを統合し「背景」レイヤー化します。状況によって使い分けることでレイヤーを管理しやすくなります。

おわりに

デザイナーになって間もないころ、デザインが自分のイメージ通りに仕上がらず悩むこともたくさんありました。今思えば、レイアウトの目的という本質をまだきちんと理解できていなかったからなのかもしれません。レイアウトの基本を理解し、目的に合わせた使い分けをすることで、デザインの伝達力は大幅に上がります。レイアウトにまつわる各種法則をマスターし、さらにあなた自身のアイデアと組み合わせれば、この上なく魅力的で伝わるデザインを実現できるはずです。デザインに正解というものはありませんが、本書がデザインのヒントを生み出すきっかけになれたならとても嬉しく思います。

【 著者プロフィール 】

ARENSKI

女性向け雑誌・書籍からファッション・美容関係のカタ
ログ、広告、Web制作など、様々なジャンルのデザイン
に携わっている。著書「魅せ技＆決め技Photoshop〜写
真の加工から素材づくりまでアイデアいろいろ〜」

http://www.arenski.co.jp

【 Staff 】

デザイン：滝本理恵、秋葉麻由、本木陽子（ARENSKI）

編集：ARENSKI

企画編集：橘　浩之（技術評論社）

カバーイラスト：emma（iStock）

本書に関するお問い合わせについて

本書の内容に関するご質問は、QRコードからお問
い合わせいただくか、下記の宛先までFAXまたは
書面にてお送りください。なお電話によるご質問、
および本書に記載されている内容以外の事柄に
関するご質問にはお答えできかねます。あらかじめ
ご了承ください。

〒162-0846　東京都新宿区市谷左内町21-13
技術評論社「知りたいレイアウトデザイン Second
Edition」質問係
FAX：03-3513-6181

※ご質問の際に記載いただいた個人情報は、
ご質問の返答以外の目的には使用いたしませ
ん。また、ご質問の返答後は速やかに破棄させ
ていただきます。

 知りたいデザインシリーズ

知りたい **レイアウト** デザイン

セカンド　　エディション
Second Edition

2023年10月6日　初版　第1刷発行
2024年 2月3日　初版　第2刷発行

［著　者］ARENSKI
アレンスキー

［発行者］片岡　巌

［発行所］株式会社 技術評論社
東京都新宿区市谷左内町21-13
Tel：03-3513-6150（販売促進部）
Tel：03-3513-6185（書籍編集部）

［印刷／製本］日経印刷株式会社

ISBN978-4-297-13701-4 C3055
Printed in Japan